Road Management Technology Handbook

アスファルト舗装保全技術ハンドブック

財団法人道路保全技術センター
道路構造物保全研究会
［編］

鹿島出版会

まえがき

　我が国の道路は，永年にわたり整備されてきた結果，その蓄積である道路のストックも今や膨大となり，これを良好に保全することが，従来にも増して強く求められています。一方，交通量の増大，車両の大型化による道路の損傷が激化し，また交通渋滞や交通事故の増加等は大きな社会問題となっております。こうした状況に適切に応えていくためには，高度な保全技術を駆使することにより，道路を常に望ましい状態に保全することが肝要であります。そのためには，道路の保全に関する情報を組織的に収集・蓄積し，それらを活用して調査研究を進めるとともに，保全にかかわる技術の官民における人材不足にも対処することが急がれています。

　財団法人道路保全技術センターは，このような情勢に対応するため，1990年以来道路保全に関する総合的な技術の開発を行い，効率的な保全技術を広く提供するべく活動してまいりました。また，1995年には広く官民による道路構造物の保全に関する技術の研究・開発，新技術・新工法の普及と技術交流を図るための「道路構造物保全研究会」を当センターに設置いたしました。

　本研究会では，材料，機械・器具，調査，設計，施工など広く保全技術にかかわる分野の知見を収集・蓄積し，このたび，同研究会設計・施工部会舗装委員会によりこれまでの研究を総括するものとして『アスファルト舗装保全技術ハンドブック』を刊行する運びとなりました。

　これまで尽力いただいた関係各位に感謝の意を表するとともに，本書が舗装業務に携わる技術者の一助となることを願う次第です。

2010年1月

　　　　　　　　　　　　　　　　　　　　　　　　財団法人道路保全技術センター
　　　　　　　　　　　　　　　　　　　　　　　　理事長　佐藤　信彦

目　　次

まえがき

第 1 章　総　　説 ·· *1*

第 2 章　破損の種類と主な原因 ·· *3*
 2.1　わだち掘れ ··· *5*
  2.1.1　路床・路盤の沈下によるわだち掘れ ·· *6*
  2.1.2　流動わだち掘れ ··· *6*
  2.1.3　摩耗わだち掘れ ··· *7*
 2.2　ひび割れ ··· *7*
  2.2.1　亀甲状ひび割れ ··· *9*
  2.2.2　線状ひび割れ ·· *10*
 2.3　平たん性の低下 ·· *13*
  2.3.1　コルゲーション ·· *13*
  2.3.2　くぼみ ··· *13*
  2.3.3　寄り ·· *13*
  2.3.4　段差 ·· *14*
  2.3.5　ブリスタリング ·· *14*
 2.4　すべり抵抗値の低下 ·· *15*
  2.4.1　フラッシュ（ブリージング） ·· *15*
  2.4.2　ポリッシング ·· *15*
 2.5　ポーラスアスファルト舗装の破損 ·· *16*
  2.5.1　空隙づまり ·· *16*
  2.5.2　空隙つぶれ ·· *16*
  2.5.3　骨材飛散 ··· *16*
  2.5.4　基層混合物のバインダ剥離 ··· *17*
 2.6　その他の破損 ··· *17*
  2.6.1　ポットホール ·· *17*
  2.6.2　ポンピング ·· *18*
  2.6.3　ずれ ·· *18*

第 3 章　破損の調査と評価 ·· *19*
 3.1　調査方法 ··· *19*
  3.1.1　路面性状の調査方法 ·· *19*
  3.1.2　舗装構造の調査方法 ·· *24*

3.2　評価方法 ………………………………………………………………… 29
　　3.2.1　路面性状の評価（補修基準） ………………………………… 29
　　3.2.2　舗装構造の評価 …………………………………………………… 31

第4章　破損に対応した補修方法の選定 …………………………… 35
4.1　わだち掘れ ………………………………………………………………… 37
4.2　ひび割れ …………………………………………………………………… 38
4.3　平たん性の低下 …………………………………………………………… 40
4.4　すべり抵抗値の低下 ……………………………………………………… 42
4.5　ポーラスアスファルト舗装の破損 ……………………………………… 42
4.6　その他の損傷 ……………………………………………………………… 44

第5章　補修方法の種類Ⅰ：維持工法 ……………………………… 45
5.1　パッチング工法 …………………………………………………………… 45
　　5.1.1　加熱施工工法 ……………………………………………………… 45
　　5.1.2　常温施工工法 ……………………………………………………… 46
5.2　シール材注入工法 ………………………………………………………… 48
　　5.2.1　アスファルト系シール材注入工法 ……………………………… 48
　　5.2.2　常温樹脂系シール材注入工法 …………………………………… 49
5.3　表面処理工法 ……………………………………………………………… 49
　　5.3.1　シールコートおよびアーマーコート …………………………… 50
　　5.3.2　カーペットコート ………………………………………………… 51
　　5.3.3　フォグシール ……………………………………………………… 52
　　5.3.4　スラリーシールおよびマイクロサーフェシング工法 ………… 53
　　5.3.5　樹脂系表面処理工法 ……………………………………………… 56
5.4　その他の工法 ……………………………………………………………… 58
　　5.4.1　切削工法 …………………………………………………………… 58
　　5.4.2　グルービング工法 ………………………………………………… 59
　　5.4.3　フラッシュ対策工法 ……………………………………………… 60
　　5.4.4　わだち部オーバーレイ工法 ……………………………………… 61
　　5.4.5　線状打換え工法 …………………………………………………… 62
　　5.4.6　空隙づまり洗浄（エアタイプ） ………………………………… 63
　　5.4.7　空隙づまり洗浄（高圧水タイプ） ……………………………… 64
　　5.4.8　ブリスタリング対策 ……………………………………………… 65

第6章　補修方法の種類Ⅱ：修繕工法 ……………………………… 67
6.1　オーバーレイ工法 ………………………………………………………… 67
6.2　切削オーバーレイ工法 …………………………………………………… 71
6.3　打換え工法 ………………………………………………………………… 73
6.4　局部打換え工法 …………………………………………………………… 75

6.5	路上表層再生工法	77
6.6	路上路盤再生工法	81

第7章　性能向上および機能を付加した舗装　85

- 7.1　性能を向上させた舗装　85
  - 7.1.1　改質アスファルト舗装　86
  - 7.1.2　砕石マスチックアスファルト舗装　88
  - 7.1.3　大粒径アスファルト舗装　88
  - 7.1.4　半たわみ性舗装　90
  - 7.1.5　熱硬化性アスファルト舗装　91
  - 7.1.6　ロールドアスファルト舗装　92
  - 7.1.7　グースアスファルト舗装　93
- 7.2　機能を付加した舗装　95
  - 7.2.1　ポーラスアスファルト舗装　96
  - 7.2.2　遮水型排水性舗装　97
  - 7.2.3　透水性舗装　98
  - 7.2.4　弾力性舗装　99
  - 7.2.5　明色舗装　100
  - 7.2.6　カラー舗装　101
  - 7.2.7　トップコート工法　102
  - 7.2.8　ブラスト処理工法　103
  - 7.2.9　凍結抑制舗装　104
  - 7.2.10　路面温度上昇抑制舗装　105
  - 7.2.11　透水性樹脂モルタル充填工法　109
  - 7.2.12　リフレクションクラック抑制工法　109

あとがき

編集委員一覧

第1章　総　　説

　我が国における道路ストック，すなわち舗装のストックは膨大な量となり，その補修を必要とする量も年々拡大の一途にある。このような状況のなか，今後も適切なサービスレベルを維持していくためには，必要な時期に適切な補修を行い，舗装のさらなる延命化を図り，ライフサイクルコストを縮減することが重要視されている。一方，現状では，適用する補修材料や補修工法の種類は多岐にわたっており，破損に応じた補修方法を選定する際に手引となる資料も求められている。

　このような背景のもと本ハンドブックは，舗装の大部分を占めるアスファルト舗装についての補修計画を立てる際に，担当技術者が材料や工法を選定するための手引となるよう作成したものである。

　本ハンドブックではまず，アスファルト舗装の破損の種類と主な原因およびその調査と評価方法について記述した後に，それぞれの破損の範囲・程度に応じた補修方法についてとりまとめている。さらに，それぞれの補修方法について概要，使用材料，施工方法（施工フロー）および施工上の留意事項を記述している。

　本ハンドブックの作成にあたっては，可能な限り写真を取り入れ具体的にイメージできるように留意した。舗装を専門としない技術者にも参考になれば幸いである。

　なお，本ハンドブックに関連する図書としては，社団法人日本道路協会発行の『舗装設計施工指針』（平成18年度版），『舗装施工便覧』（平成18年度版），『舗装設計便覧』（平成18年度版）などがある。適宜参照されたい。

第2章　破損の種類と主な原因

　道路舗装は，交通荷重や自然環境など極めて厳しい外的作用を直接受ける構造物であり，交通への供用開始とともに舗装の破損は進行する。アスファルト舗装の場合，その耐用年数は他の構造物に比べて短く，設計期間は10年程度としている場合が多い。したがって，アスファルト舗装では比較的短いサイクルでの補修が必要となる。補修にあたっては，良好な供用性の確保のため，舗装の破損の種類と原因を把握し，走行の快適性，交通の安全性，ライフサイクルコストを考慮した経済性，沿道環境，補修の緊急性等を総合的に考慮した適切な対応が求められる。

　アスファルト舗装の破損の種類を破損形態，発生箇所および発生原因により分類すると，**表2-1**に示すようになる。また，アスファルト舗装の破損は，舗装への損傷程度から，機能的破損と構造的破損に区別される。

　機能的破損とは，舗装強度の低下に起因しない破損であり，表層・基層のアスファルト混合物層のみに破損がとどまる場合が多い。一方，構造的破損とは，舗装強度の低下に起因する破損であり，路盤，路床にまで及ぶ場合が多い。これらの区別は，コア採取，たわみ量測定，開削調査等によって，おおよその判断をすることができる。

　なお，ここでは，ポーラスアスファルトのように，たとえ舗装としての構造的な破損が生じていなくても，その舗装に求められている（排水性などの）機能が低下した場合についても破損として記述することとした。

表 2-1 アスファルト舗装の破損の種類

破損の種類			主な原因	機能	構造
わだち掘れ	走行軌跡部	路床・路盤の沈下によるわだち掘れ	・地下水の影響などによる路床・路盤の支持力低下および圧密沈下 ・路盤の締固め不足 ・交通量および交通荷重の増大		◎
		流動によるわだち掘れ	・夏期高温時における交通量および交通荷重の増大 ・車両走行位置の集中化 ・混合物の品質不良（アスファルト量の過多，軟質アスファルトの使用，細粒分過多，空隙不足）	◎	
		摩耗によるわだち掘れ	・タイヤチェーン等によるアスファルト舗装の摩耗 ・混合物の品質不良（アスファルト量の不足，粒度が粗い，空隙が大きい）	◎	
ひび割れ	亀甲状ひび割れ	走行部	路床・路盤の支持力低下によるひび割れ	・地下水等による路床，路盤の支持力低下および圧密沈下 ・路床・路盤の長期的な品質（強度）低下 ・路盤の締固め不足		◎
		舗装面全体	アスファルト混合物の劣化・老化によるひび割れ	・アスファルトの長期的な劣化と老化（紫外線，温度，雨水等） ・混合物の品質不良（アスファルト量の不足，粒度が粗い）	○	○
			凍上によるひび割れ	・路床，路盤の凍上による盛り上がり	○	○
	線状ひび割れ	縦断方向	わだち割れ（走行軌跡部）	・夏期高温時に走行軌跡部に生じた微細なひび割れの成長		◎
			床版たわみによるひび割れ（橋面上のひび割れ）	・主桁上などの床版局部変形に対する混合物の不追従 ・混合物の長期的な品質低下によるたわみ性不足	○	○
		横断方向	温度応力ひび割れ（等間隔のひび割れ）	・温度低下に伴う舗装体の収縮	○	
			ヘアクラック（微細な線状ひび割れ）	・混合物の品質不良（粒度の不良，アスファルト量の不適合） ・ローラの転圧温度が高い	◎	
		縦横断方向	リフレクションクラック	・コンクリート版の目地やひび割れからの誘発 ・基層および路盤のひび割れからの誘発		◎
			施工継目ひび割れ（ジョイント部）	・ジョイント部の締固め不足 ・ジョイント部の接着力不足 ・骨材最大寸法が大きい混合物の使用による継目処理の不手際	◎	
			不等沈下によるひび割れ	・切盛境の支持力の違い ・狭小部での締固め不足 ・路床・路体の圧密沈下（長期）		◎
平たん性の低下	縦断方向		コルゲーション（さざ波状の舗装面のしわ）	・頻繁なブレーキによる交通荷重 ・混合物の品質不良（アスファルト量の過多，粒度の不良，安定度不足） ・層間の接着力不足（路盤の過度の湿気，タックコートの散布ムラ等）	◎	
	不特定		くぼみ（局部的沈下）	・路床・路盤の局所的な品質不良 ・長期間の静止荷重	○	○
	路肩部		路肩部寄り（こぶ状）	・アスファルト乳剤（プライムコート，タックコート）散布量の過多もしくは不均一	◎	
	構造物周辺		段差	・地下埋設物（ボックスカルバート，踏掛版等）の有無 ・構造物周辺での固締め不足	◎	
	不特定		ブリスタリング（表層の局部的な膨らみ）	・温度上昇による舗装内部に閉じ込められた水分の体積膨張	◎	
すべり抵抗値の低下	不特定		フラッシュ，ブリージング（アスファルト分のにじみ出し）	・混合物の品質不良（アスファルト量の過多，粒度が不適） ・タックコートの過剰散布	◎	
	走行部		ポリッシング（骨材の研磨によるすべり抵抗値の低下）	・すり減りやすい骨材（石灰岩等）の使用	◎	
ポーラスアスファルト舗装の破損	面全体		空隙づまり（舗装面全体）	・舗装面に飛来，流入する砂，泥，粉塵等	◎	
	走行部		空隙つぶれ（走行軌跡部）	・夏期高温時における交通量および交通荷重の増大 ・混合物の品質不良（アスファルト量の過多，粒度が不適）	◎	
			骨材飛散	・タイヤによる，ねじりせん断力の局所集中 ・タイヤチェーンによる打撃等	◎	
			基層混合物のバインダ剥離（局部的な流動わだち掘れ）	・粗骨材とアスファルト間の結合力不足 ・混合物の品質不良（アスファルト量の不足） ・雨水の浸入による基層混合物の劣化	○	○
その他	不特定		ポットホール（アスファルト混合物の剥脱・崩壊・散逸）	・路盤の局部的な支持力不足 ・粗骨材とアスファルト間の結合力不足 ・混合物の混合不良	◎	
			ポンピング（水，路盤材の細粒分の噴き出し）	・ひび割れ部からの雨水等の浸入 ・水による路盤材のエロージョン（浸食）状態での車両走行		◎
	走行部		ずれ（アスファルト混合物のずれ）	・舗装層間への水の浸入 ・タックコートの過剰散布あるいは散布量不足 ・床版防水層の施工不良	◎	

2.1 わだち掘れ

　わだち掘れとは、車輪の荷重によって発生する道路横断方向の変形をいう。わだち掘れに影響する要因は、アスファルト混合物そのものの性質に起因する内的要因と、アスファルト混合物に作用する外からの力に起因する外的要因とに分類できる。
　わだち掘れの発生要因をまとめると図2-1および図2-2のようになる。

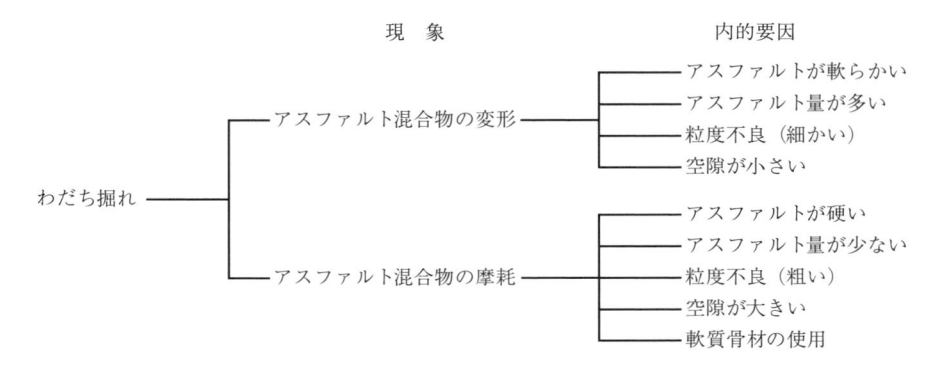

```
                現　象                          内的要因
                                          ┌── アスファルトが軟らかい
                                          ├── アスファルト量が多い
           ┌── アスファルト混合物の変形 ──┤
           │                              ├── 粒度不良（細かい）
           │                              └── 空隙が小さい
わだち掘れ ─┤
           │                              ┌── アスファルトが硬い
           │                              ├── アスファルト量が少ない
           └── アスファルト混合物の摩耗 ──┼── 粒度不良（粗い）
                                          ├── 空隙が大きい
                                          └── 軟質骨材の使用
```

図 2-1　わだち掘れの内的要因[1]

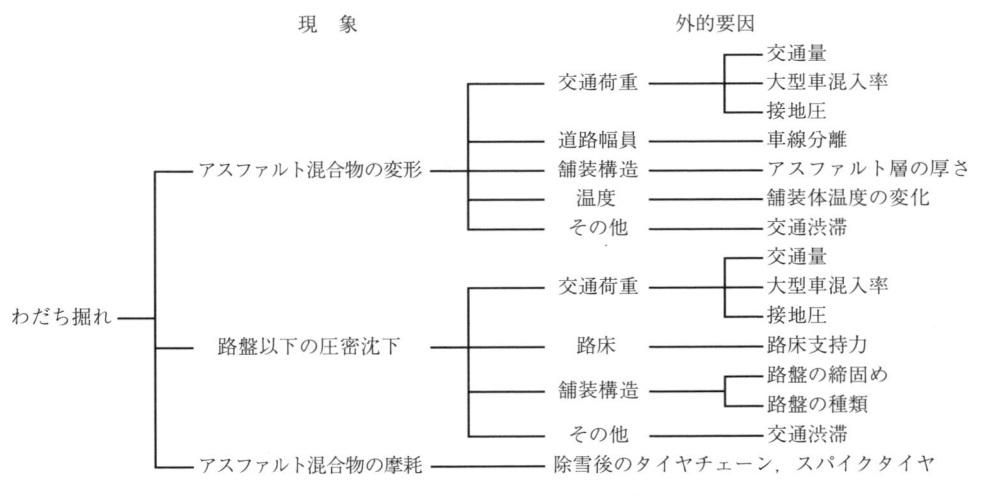

```
                現　象                                        外的要因
                                                         ┌── 交通量
                                          ┌── 交通荷重 ──┼── 大型車混入率
                                          │              └── 接地圧
           ┌── アスファルト混合物の変形 ──┼── 道路幅員 ──── 車線分離
           │                              ├── 舗装構造 ──── アスファルト層の厚さ
           │                              ├── 温度 ──────── 舗装体温度の変化
           │                              └── その他 ────── 交通渋滞
           │                              ┌── 交通量
わだち掘れ ─┤                              ┌── 交通荷重 ──┼── 大型車混入率
           │                              │              └── 接地圧
           ├── 路盤以下の圧密沈下 ────────┼── 路床 ──────── 路床支持力
           │                              │              ┌── 路盤の締固め
           │                              ├── 舗装構造 ──┤
           │                              │              └── 路盤の種類
           │                              └── その他 ────── 交通渋滞
           └── アスファルト混合物の摩耗 ── 除雪後のタイヤチェーン、スパイクタイヤ
```

図 2-2　わだち掘れの外的要因[1]

　わだち掘れの発生原因を分類すると、路床・路盤の圧密沈下によるもの、アスファルト混合物の変形、流動によるもの、走行軌跡部のすりへり、摩耗によるものとに分けられる。各わだち掘れの形態および特徴は、以下のとおりである。

2.1.1 路床・路盤の沈下によるわだち掘れ

　路床・路盤の沈下によるわだち掘れは，地下水等の影響による路床・路盤の支持力低下，路盤の締固め不足のほか，舗装構造に対して過大な交通荷重が加わることで発生する。その破損形態は，通行車両により圧密沈下が促進された路床・路盤に追従するかたちで表層アスファルト混合物が変形をきたしたものである。

写真 2-1　沈下わだち掘れ

2.1.2 流動わだち掘れ

　アスファルト混合物の変形は，内的要因としてのアスファルト混合物の配合（骨材粒度，バインダの種類および量など）および外的要因としての交通荷重と温度によるものが最も大きいことから，比較的温暖な地域で重交通車両の多い道路で見られ，主に高温と重交通によるアスファルト混合物の流動がその原因である。そのほかに，舗装構造に起因するものや，最近では交通量の増大に伴う交通渋滞の影響も受けている。アスファルト舗装は，粘弾性体といわれており，載荷荷重の載荷速度によって流動量が異なる。すなわち，載荷速度が遅いと流動しやすく，載荷速度が速い場合には流動しにくい。したがって，交通渋滞の影響を受けやすい。

写真 2-2　流動わだち掘れ

2.1.3 摩耗わだち掘れ

摩耗わだち掘れは，冬期における走行車両のタイヤチェーン等により，走行軌跡部のアスファルト舗装表面が削り取られることによって生ずるものである。

写真 2-3 摩耗わだち掘れ

2.2 ひび割れ

ひび割れの発生要因は，大別するとアスファルト混合物そのものの性質に起因する内的要因と，アスファルト混合物に作用する外からの力に起因する外的要因とに分類できる。**図 2-3** に発生要因を内的要因と外的要因に分けて示す。供用中のアスファルト舗装においては，これらの要因が単独に影響することは少なく，複合的に発生する場合が多い。

内的要因によるひび割れ発生には，アスファルト混合物の品質不良等がある。外的要因によるひび割れ発生の大きな要素は交通荷重（外力）である。アスファルト舗装の各層の厚さは，交通荷重や路床支持力等を条件としてバランスがとれるように設計されている。しかし，交通量の急激な増加や路床支持力の不均一等によって，これらのバランスが崩れた場合，ひび割れが発生する。

これは，外力によってアスファルト混合物層に生じる引張応力が発生の原因となる。すなわち，アスファルト混合物を弾性体と考えた場合，外力が作用するとアスファルト混合物層は**図 2-4** に示すように，混合物の上縁に圧縮応力，下縁に引張応力がそれぞれ生じる。アスファルト混合物は引張強度が圧縮強度の 1/10 程度であり，引張に対する抵抗力は極めて小さい。

したがって，過度の荷重が加わることによってアスファルト混合物層下面に生ずる引張ひずみがその限界値を超え，ひび割れが発生する。これ以外の発生原因としては，温度応力によるものと構造の不整合によるものがある。温度（外力）応力によるひび割れは横断方向に規則的に発生するもので，温度低下に伴う舗装体の収縮と考えられており寒冷地でよく見られる。構造の不整合とは，下層にコンクリート版を設けた場合の目地構造直上の表層部に発生するひび割れなどのことである。

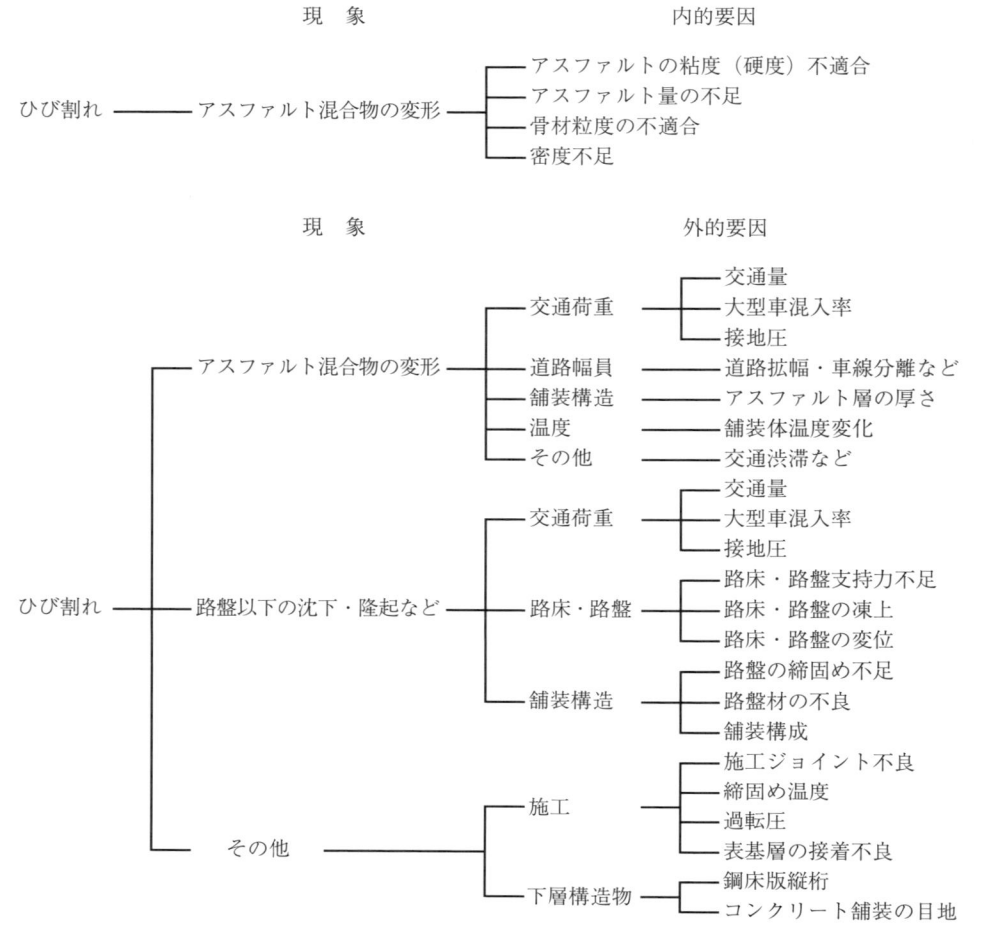

```
                          現　象                              内的要因
                                                    ┌── アスファルトの粘度（硬度）不適合
                                                    ├── アスファルト量の不足
  ひび割れ ── アスファルト混合物の変形 ──┤
                                                    ├── 骨材粒度の不適合
                                                    └── 密度不足


                          現　象                              外的要因
                                                              ┌── 交通量
                                              ┌── 交通荷重 ──┼── 大型車混入率
                                              │                └── 接地圧
                                              ├── 道路幅員 ──── 道路拡幅・車線分離など
         ┌── アスファルト混合物の変形 ──┤── 舗装構造 ──── アスファルト層の厚さ
         │                                    ├── 温度     ──── 舗装体温度変化
         │                                    └── その他   ──── 交通渋滞など
         │
         │                                                      ┌── 交通量
         │                                    ┌── 交通荷重 ──┼── 大型車混入率
         │                                    │                └── 接地圧
         │                                    │                ┌── 路床・路盤支持力不足
 ひび割れ ─┤── 路盤以下の沈下・隆起など ──┼── 路床・路盤 ──┼── 路床・路盤の凍上
         │                                    │                └── 路床・路盤の変位
         │                                    │                ┌── 路盤の締固め不足
         │                                    └── 舗装構造 ──┼── 路盤材の不良
         │                                                      └── 舗装構成
         │
         │                                                      ┌── 施工ジョイント不良
         │                                    ┌── 施工       ──┼── 締固め温度
         └── その他 ──────────────────┤                ├── 過転圧
                                              │                └── 表基層の接着不良
                                              │                ┌── 鋼床版縦桁
                                              └── 下層構造物 ──┤
                                                                └── コンクリート舗装の目地
```

図 2-3 ひび割れ発生の要因

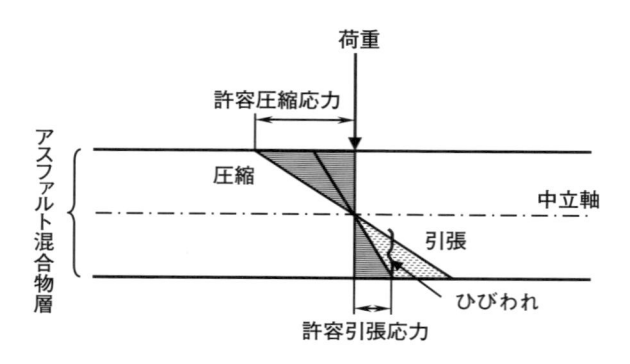

図 2-4 アスファルト混合物の引張応力

2.2.1 亀甲状ひび割れ
(1) 路床・路盤の支持力低下によるひび割れ

　路床・路盤の支持力低下によるひび割れは，線状に生じたひび割れが亀甲状に発達するものであり，主に地下水等による路床・路盤の支持力の低下に伴う沈下，路盤の締固め不足および長期的な品質（強度）低下等に起因するものである。交通荷重との複合要因により，主に走行軌跡部を中心にひび割れが発生する場合が多い。

写真 2-4　支持力低下によるひび割れ

(2) アスファルト混合物の劣化・老化によるひび割れ

　アスファルト混合物の劣化・老化によるひび割れは，主に紫外線によるアスファルトの劣化，アスファルトの長期的な老化，アスファルト量の不適合等に起因するものである。一般にアスファルト舗装においては，アスファルト量が多く混合物粒度の細かいものはひび割れに対する抵抗性が高く，反対にアスファルト量が少なく混合物粒度の粗いものはひび割れが発生しやすい。また，交通荷重との複合要因により，走行軌跡部から舗装面全体へ発生する場合が多い。

写真 2-5　劣化・老化によるひび割れ

(3) 凍上によるひび割れ

凍上によるひび割れは，一般的に寒冷地において冬期に路床や路盤内の水が凍上して，アスファルト混合物層が不均一に隆起することによって発生するひび割れである。

写真 2-6 凍上によるひび割れ

2.2.2 線状ひび割れ
(1) わだち割れ

わだち割れとは，タイヤ軌跡の位置に舗装表面から生じる縦断方向の線状ひび割れのことであり，主にわだち部への繰返し走行に起因するものであるが，発生原因に関する統一された見解はない。特徴としては，大型車のダブルタイヤの幅程度にジグザグに発達し，舗装表面からひび割れが発生する。

写真 2-7 わだち割れ

(2) 床版たわみによるひび割れ

床版たわみによるひび割れは，床版上において線状に生じるひび割れのことであり，主に床版の局部的変形に対する混合物の追従不足や混合物の長期的な品質低下によるたわみ性不足に起因するものである。鋼床版における縦リブまたは主桁直上に縦断方向に発生する場合が多い。

写真 2-8 床版たわみによるひび割れ

(3) 温度応力ひび割れ

温度応力によるひび割れは、横断方向にほぼ一定間隔の線状に発生するひび割れであり、主に温度低下に伴う舗装体の収縮に起因するものである。極めて寒冷な地域に発生する場合が多い。

写真 2-9 温度ひび割れ

(4) ヘアクラック

ヘアクラックは、アスファルト混合物の舗設時に発生する微細な横断方向の線状ひび割れであり、アスファルト混合物の品質不良、混合物の温度管理、アスファルトフィニッシャによる舗設速度、ローラの転圧方法、環境の影響（気温、風速）等に起因していると考えられ多数の要因が微妙に影響している。ヘアクラックは、瞬時に混合物表面の全面に生じる場合が多い。

写真 2-10 ヘアクラック

(5) リフレクションクラック

リフレクションクラックは、基層の目地やひび割れおよび安定処理路盤のひび割れから誘発されて、直上のアスファルト混合物に発生するひび割れをいう。特に、基層がコンクリート版の場合、コンクリート版の目地位置に合わせて表層に目地処理を行わないと目地直上にひび割れが発生することが多い。

写真 2-11 リフレクションクラック

(6) 施工継目ひび割れ

施工継目ひび割れは、打継ぎ部に線状に生じるひび割れであり、主にジョイント部の接着力不足や混合物の締固め不足、骨材最大粒径が大きい混合物を使用したことによる継目処理の困難さ等に起因するものである。

写真 2-12 施工継目ひび割れ

(7) 不等沈下によるひび割れ

不等沈下によるひび割れとは、切土・盛土区間の境等での不等沈下によって生じる線状ひび割れのことであり、主に盛土と地山の支持力の違いによる不等沈下、狭小部での締固め不良、雨水等の浸入による支持力低下、路床・路体の圧密沈下（長期）等に起因するものである。また、構造物周辺に生じることもある。

写真 2-13 不等沈下によるひび割れ

2.3 平たん性の低下

　平たん性は，施工完了時の基準が定められていることから，供用初期の段階では特に問題はないものの，経年による機能低下等に伴って低下する。その主原因としては他の破損を伴うことが多く，たとえばひび割れによる路面の落ち込み，コルゲーション，ポットホール，段差等，他の破損を生じた結果としての副次的機能低下と捉えることができる。以下に，平たん性の低下と大きく関係する破損についてまとめた。

2.3.1 コルゲーション

　コルゲーションは，縦断方向に比較的短いピッチで連続的に発生する波状の凹凸（塑性変形）であり，夏期におけるアスファルト混合物の安定性低下，混合物そのものの安定性不足またはプライムコート，タックコート等の施工不良に起因するものである。また，路盤の過度の湿気およびアスファルト混合物中の残留空隙の不足に起因する場合もある。コルゲーションは下り坂の車線，曲線部，交差点流入部などの頻繁にブレーキをかける箇所に多く発生する。

写真 2-14 コルゲーション

2.3.2 くぼみ

　くぼみは，舗装表層上に周囲より高さが少し低くなった所であり，路床・路盤の局部的沈下，長期間の静止荷重および混合物不良に起因するものである。また，駐車場の場合は，据え切りや混合物のカットバック（車両からの油漏れによりアスファルトが溶けた状態）に起因することもある。

写真 2-15 くぼみ

2.3.3 寄り

　寄りとは，アスファルト舗装表面の局部的な盛り上がりをいう。これを「こぶ」ということもある。破損の原因は主にプライムコート，タックコートの散布量の過多，不均一である。

写真 2-16　寄り

2.3.4　段差

　段差とは，一般に道路の横断方向に生じる急激な舗装面の垂直変位である。通常，ボックスカルバート，踏掛版や地下埋設物がある場合に，路床・路盤の沈下量に差が生じ，その結果として舗装路面の不等沈下により段差が発生する。

写真 2-17　段差

2.3.5　ブリスタリング

　ブリスタリングとは，舗装体内部の水分が温度の上昇に伴って水蒸気化し，舗装体内部に圧力が生じ，舗装表面に主に円形の膨らみを発生させる現象をいう。通常，供用に伴って表層の圧密が進み混合物の空隙が小さくなることで水蒸気が抜けにくくなって発生する。また，橋梁等のコンクリート床版から生じた水蒸気によって，防水層より上の舗装にブリスタリングが発生する場合もある。

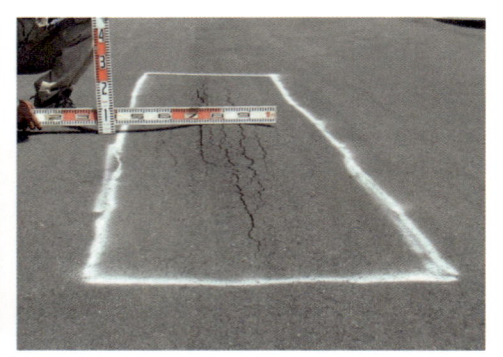

写真 2-18　ブリスタリング

2.4 すべり抵抗値の低下

路面のすべり抵抗値は，走行車両の安全性を左右する要素であり，道路利用者に提供する重要な道路の基本的な機能といえる。しかし，その機能は，以下に示すフラッシュ（ブリージング）やポリッシングなどによって供用とともに低下する場合がある。

2.4.1 フラッシュ（ブリージング）

フラッシュとは，アスファルト舗装表面にアスファルトがにじみ出し，舗装表面が光った状態になることをいう。原因には，混合物のアスファルト量の過多，低空隙などの骨材粒度不良，タックコートの過剰散布などがある。

写真 2-19 フラッシュ（ブリージング）

2.4.2 ポリッシング

ポリッシングとは，走行車両により粗骨材とモルタル分が同じようにすり磨かれ，すべり抵抗性が低下した舗装表面になることをいう。原因としては，石灰岩などのすり減りやすい粗骨材を使用したことなどが挙げられる。

写真 2-20 ポリッシング

2.5 ポーラスアスファルト舗装の破損

ポーラスアスファルト舗装は，舗装に用いるポーラスアスファルト混合物の空隙によって，雨水等の下層への浸透，あるいは側方への排水機能や，舗装面と走行車両のタイヤトレッドの圧縮により発生するエアポンピング音を低減する機能がある。このため，ポーラスアスファルト舗装は，排水性舗装，低騒音舗装，高機能舗装などと呼ばれることがある。また，歩道等においては，透水性舗装として使われることもある。なお，これらの機能は，以下に示す空隙づまりや空隙つぶれなどによって，供用とともに低下する傾向がある。

2.5.1 空隙づまり

空隙づまりとは，ポーラスアスファルト舗装の空隙に，砂，泥，塵埃等がつまる現象をいう。原因には，通行車両のタイヤに付着した土砂等の落下および沿道からの砂塵の飛来などがある。

（骨材飛散も発生している）

写真 2-21 空隙づまり

2.5.2 空隙つぶれ

空隙つぶれとは，ポーラスアスファルト舗装が交通荷重により圧密され，空隙が閉塞する現象をいう。主に温度上昇に伴う混合物の流動と交通量の増加に起因している。

写真 2-22 空隙つぶれ

2.5.3 骨材飛散

骨材飛散とは，ポーラスアスファルト混合物の粗骨材分に通行車両による外力が加わり，舗装体から剥脱して飛び散る現象である。特に，交差点や道路周辺施設への出入り口などの通行車両のタイヤによるねじりせん断力が発生する箇所やタイヤチェーン装着車両の走行路面で発生することが多い。

写真 2-23　骨材飛散

2.5.4　基層混合物のバインダ剥離

　基層混合物のバインダ剥離とは，特に，既設表層のみをポーラスアスファルト舗装に置き換えた場合に，直接雨水等にさらされることとなった基層混合物が剥離し，表層に局部的な流動わだち掘れが生じる現象をいう。この現象は短期間で進行する場合があり，基層面から浸透した水分，高温条件および交通荷重による圧力が相互に作用したことが，要因として挙げられている。
　基層にひび割れが発生している箇所に適切な処置を施さないまま，表層にポーラスアスファルト舗装を適用すると，このような現象が発生しやすい。このほかにも，コンクリート舗装等を基盤とした特殊な舗装構成において，表層に連続粒度のアスファルト混合物を使用した場合に生じることがある。また，特に橋面舗装で発生した事例が多い。

写真 2-24　基層混合物のバインダ剥離

2.6　その他の破損

2.6.1　ポットホール

　ポットホールとは，アスファルト舗装表面に発生した局部的なアスファルト混合物の剥脱をいう。破損の原因には，路盤の局部的な支持力不足，粗骨材とアスファルトの結合力

写真 2-25　ポットホール

不足，混合物の混合不良やアスファルト量不足などがある。梅雨期など雨の多い時期に発生しやすい。

2.6.2 ポンピング

ポンピングとは，舗装表面のクラックから水や路盤材等の細粒分が噴き出す現象をいう。原因としては，表面からの水の浸入，湧水による路盤材のエロージョン（浸食）状態での車両走行などがある。

写真 2-26　ポンピング

2.6.3 ずれ

アスファルト舗装のずれとは，交通荷重により生じる舗装（または、アスファルト混合物）の層と層の間に生じるせん断力によってアスファルト混合物がずれ，舗装表面にひび割れと凹凸が発生することをいう。破損の原因は，主に舗装層間の接着不良であり，特に橋梁では，床版と床版防水層，床版防水層と舗装，床版と舗装のいずれかに接着不良が発生していることが多い。接着不良の要因としては，舗装層間への水の浸入による接着力の低下，タックコートの過剰散布あるいは散布量不足，床版防水層の施工不良，混合物の品質不良などが考えられる。

写真 2-27　ずれ

第 2 章　参考文献
1) 建設図書：舗装の維持修繕，平成 4 年 5 月

第3章　破損の調査と評価

舗装の破損の調査は，路面性状に関するものと舗装構造に関するものに大別される。ここでは，路面性状ならびに舗装構造に関する調査方法と調査結果に基づく評価基準について述べる。

3.1　調査方法

3.1.1　路面性状の調査方法

路面性状の調査項目には，以下のようなものがある。
① わだち掘れ　　② ひび割れ　　③ 平たん性（縦断方向の凹凸の標準偏差）
④ 段差　⑤ すべり抵抗性　⑥ 路面の粗さ　⑦ 浸透水量　⑧ 路面騒音

上記調査項目は，第一段階として日常的な巡回パトロール時の目視観察などにより路面の破損状況を評価することが基本となるが，破損の程度や経時変化を把握するためには，**表3-1**に示す試験方法により定量的に評価することが必要となる。以下にこれらの試験方法について示すが，詳細については「舗装調査・試験法便覧」（社団法人日本道路協会，平成19年6月）を参照されたい。

表3-1　路面性状調査の試験方法

調査項目	試験方法	備考
全般	破損状況の簡易調査方法	目視
わだち掘れ	舗装路面のわだち掘れ量測定方法	・横断プロフィルメータによる方法 ・直線定規による方法 ・水糸による方法 ・路面性状測定車による方法
ひび割れ	舗装路面のひび割れ測定方法	・スケッチによる方法 ・路面性状測定車による方法
平たん性	舗装路面の平たん性測定方法	・3mプロフィルメータによる方法 ・3m直線定規による方法 ・路面性状測定車による方法
段差	舗装路面の段差の測定方法	
すべり抵抗	振り子式スキッドレジスタンステスタによる方法	BPN
	回転式すべり抵抗測定器による動的摩擦係数の測定方法	DFテスタ
	すべり抵抗測定車による方法	
路面の粗さ	砂を用いた舗装路面のきめ深さ測定方法	・サンドパッチング方法 ・砂拡大器を用いる方法
	センサきめ深さ測定装置を用いた舗装路面のきめ深さ測定方法	MTM
	回転式きめ深さ測定装置を用いた舗装路面のきめ深さ測定方法	CTメータ
浸透水量	現場透水量試験方法	
路面騒音	舗装路面騒音測定車によるタイヤ／路面騒音測定方法※	RAC車
	普通タイヤによるタイヤ／路面騒音測定方法	
	環境騒音の測定方法	
ポットホール	ポットホールの調査方法	

※は，「舗装性能評価法－必須および主要な性能指標の評価編－」（社団法人日本道路協会，平成18年1月）を参照

(1) わだち掘れ

(a) 横断プロフィルメータによる方法，直線定規による方法，水糸による方法

横断プロフィルメータ，直線定規あるいは水糸により，記録した横断形状よりわだち掘れ量を読みとるものである。詳細な調査を行う場合は，横断プロフィルメータを用いることが望ましいが，精密さを必要としない場合などには直線定規や水糸による方法が用いられることがある。これらの方法は，交通規制が必要であり時間がかかるなど，大規模な調査には不向きといえるが，小規模調査では交通規制ができれば経済的で簡便な方法である。また，予備的調査等の簡易測定として小型プロファイル測定装置を用いることもある。

(b) 路面性状測定車による方法

路面性状測定車により路面の状態を撮影し，撮影画像より路面の変形度合いを求め，わだち掘れ量を読みとるものである。近年では，路面撮影ではなく，路面性状測定車の基準面から，路面までの距離をレーザー等で直接計測してわだち掘れ量を読みとるものもある。この方法は，長い区間を短時間で測定できるため，大規模調査に適している。また，現在では，わだち掘れ量のほかにひび割れ，平たん性の3要素を同時に測定する機種が主流となっている。

写真 3-1　横断プロフィルメータによる測定

(2) ひび割れ

(a) スケッチによる方法

観測者が路面に生じたひび割れを，マス目を切った用紙にスケッチし，ひび割れ率を算出するものである。人力による測定のため簡便ではあるが，大規模調査では非効率的である。

(b) 路面性状測定車による方法

進行方向に連続的に路面の状態を撮影し，撮影された画像よりひび割れを読みとってひび割れ率に換算するものである。長い区間を短時間で測定できるという特長があり，大規模調査に適している。

写真 3-2　路面性状測定車による測定

(3) 平たん性
(a) 3mプロフィルメータによる方法，3m直線定規による方法

3mプロフィルメータまたは3m直線定規により測定車線に沿った路面の凹凸を測定し，路面凹凸の標準偏差を算出するものである。3mプロフィルメータによる方法が一般的であるが，精密さを必要としない場合，小規模調査である場合，予備調査である場合などに3m直線定規による方法や小型プロファイル測定装置が用いられることがある。

写真 3-3 3mプロフィルメータによる平たん性測定

(b) 路面性状測定車による方法

非接触型の変位計を取り付けた路面性状測定車の走行に伴い，変位計により路面の凹凸を測定し，標準偏差を求める。大規模調査などで高速かつ大量の測定を行う場合に適用される方法である。

(4) 段差

水糸を用いて車線部での段差，構造物との取り付け部分の段差などを測定する。

また、開発中であるが、段差を連続的に測定する方法として，段差量測定車の検討が進められている[1]。**写真 3-5**に一例を示すが、車両（巡回点検車など）にGPSレシーバおよび鉛直加速度計を装備し，定速走行しながら，段差により発生する鉛直加速度とそのGPS座標位置をデータ収録し，段差量および段差位置を求める方式である。

写真 3-4 水糸による段差測定

写真 3-5 開発中の段差量測定車の一例

(5) すべり抵抗値

(a) 振り子式スキッドレジスタンステスタによる方法

振り子の先端に取り付けられたゴム製のスライダーの縁が路面を滑動するときの抵抗力から，BPN（すべり抵抗値）を簡便に測定するものである。

(b) DFテスタ（回転式すべり抵抗測定器）による方法

円盤の底部の同心円上に取り付けられた路面に接するタイヤゴムピースが回転する際の路面に接するゴムピースに働く摩擦力から，路面の動的摩擦係数を測定するものである。測定が容易であり，広い速度領域での動的摩擦係数（すべり抵抗値）を求めることができるという特長を有する。

(c) すべり抵抗測定車による方法

走行中に，測定車が備えている独立した試験輪を制動装置によってロックさせることで検出される抵抗力から，すべり摩擦係数（すべり抵抗値）を測定するものである。

測定速度は，法令で定められている最高速度を原則とする。また，定められた量の水を散水しながら測定するため，雨天時では計測できない。

(6) 路面の粗さ

(a) サンドパッチングによる方法，砂拡大器による方法

両測定方法とも所定量の砂を路面に敷き広げることによって路面のきめ深さを算出する方法である。サンドパッチングはゴム板を貼付したコテで，砂を円形に敷き広げて円の直径を測定することによりその面積からきめ深さを求める方法である。砂拡大器は，器具により路面に砂を敷きならし，その広がり距離を測定し，あらかじめガラス板上で砂を敷き広げた際の広がり距離との差からきめ深さを求める方法である。

(b) センサきめ深さ測定装置（MTM）による方法

測定機に取り付けられた非接触型の

写真 3-6　振り子式スキッドレジスタンステスタによる測定

写真 3-7　DFテスタによる測定

写真 3-8　すべり抵抗測定車による測定

写真 3-9　砂拡大器による測定

レーザセンサにより路面凹凸の変位量を測定し，標準偏差を算出してきめ深さを求めるものである。迅速かつ連続的に測定ができ，前項の方法と比較して人為的な誤差が生じにくい特長を有している。また，空隙が大きい混合物など，砂による方法では測定できない路面での測定も可能である。

(c) 回転式きめ深さ測定装置（CTメータ）による方法

測定装置はレーザセンサで回転中心から一定距離の円周上の路面凹凸を測定し，ASTM E 1845-01 や ISO 13473-1 に従い評価に用いる平均プロファイル深さ（MPD）を求めるものである。測定はレーザセンサを用いるのでポーラスアスファルト混合物などの砂を使用しての測定が困難な混合物の場合でも測定が可能である。また，測定箇所は直径284mmの円周上であることから現場だけでなく供試体でも測定が可能である。

写真 3-10　MTM による測定

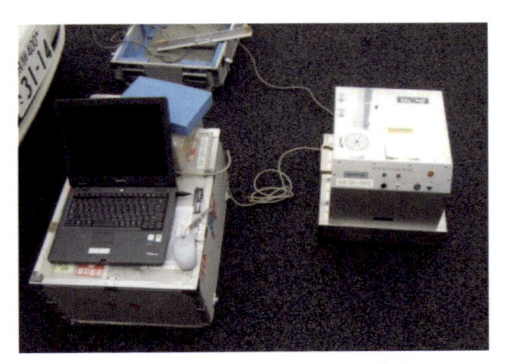

写真 3-11　CT メータによる測定

(7) 浸透水量

現場透水量試験器を用いて，ポーラスアスファルト舗装などの雨水を路面下に円滑に浸透させることができる構造の舗装の浸透水量を現場において測定する。現場透水量試験器による計測は，直径50mmの円筒型のシリンダー内に注入した水を水頭600mmの高さから，400mlを流下させるのに必要な時間を計測し，浸透水量を算出するものである。

(8) 路面騒音

(a) 舗装路面騒音測定車（RAC 車）による方法

写真 3-12　現場透水量試験

特殊タイヤ，特殊タイヤを所定の力で路面に押しつける昇降機，マイクロフォン，騒音計などにより構成される舗装路面騒音測定車を用いて，特殊タイヤと路面から発生するタイヤ／路面騒音を自走により測定するものである。測定値は，タイヤ／路面騒音としてdB（A）で表示する。

測定速度は，50km/h を標準とする。

(b) 普通車による方法

簡便な舗装路面騒音測定方法として，一般に市販されている普通自動車および普通タイヤなどにより構成される測定装置を用いて，普通タイヤと路面から発生するタイヤ／路面

騒音を自走により測定するものである。測定時の速度，温度による補正を行う必要がある。測定値は，タイヤ／路面騒音としてdB（A）で表示する。

測定速度は，50km/hを標準とする。

(c) 環境騒音の測定

路面に面する地域（道路交通騒音が支配的な音源である地域で，一般に道路端から50mの範囲）の自動車等により発生する騒音を，騒音計等を用いて，影響を受ける住居などにおいて計測するものである。測定値は，変動する騒音のレベルをある時間範囲Tについて，エネルギー的な平均値として表した等価騒音レベル（L_{Aeq}, T），単位はデシベル（dB）として表示する。なお，一般的には，官民境界で計測を行い，その測定値を補正し，沿道住居等への影響を評価している。騒音に係わる計測・評価においては，「JIS Z 8731：1999 環境騒音の表示・測定方法」および「騒音に係わる環境基準」（環境庁，平成17年5月（改正）），「騒音に係わる環境基準の評価マニュアル」（環境庁，平成12年4月）などを参考にするとよい。

写真 3-13　RAC車による路面騒音測定

写真 3-14　普通車による路面騒音測定

写真 3-15　環境騒音測定

3.1.2　舗装構造の調査方法

舗装構造の調査方法は，舗装を表層から順次開削し各層の強度を直接調べる開削による探査法と，荷重を加えたときの路面のたわみ量に着目し，各層の強度を推測する非破壊探査法に大別される。表3-2に示すように前者としては，平板載荷試験，後者としては，ベンケルマンビームやFWD（フォーリングウェイトデフレクトメータ）を用いたたわみ量

表3-2　舗装構造調査の試験方法

	試験方法
開削による探査法	破損箇所の開削調査方法
	平板載荷試験方法
	小型FWDによる地盤支持力試験方法
非破壊探査法	ベンケルマンビームによるたわみ量測定方法
	FWDによるたわみ量測定試験方法

測定試験が代表的な試験として挙げられる。以下にこれらの試験方法について記すが，詳細については『舗装調査・試験法便覧』（社団法人日本道路協会，平成19年6月）を参照されたい。

(1) 開削による探査法
(a) 破損箇所の開削調査方法
　開削調査方法とは，舗装破損箇所の内部状況を開削して直接調査し，破損原因の特定や，補修工法選定のための基礎データを得るために行う調査方法である。主な調査項目としては，舗装厚（構成層ごとに，また，わだち部，非わだち部の舗装厚さを計測する），ひび割れ深さ（どこからどの層までひび割れが生じているか），わだち掘れの影響範囲（どの層までわだち掘れが発生しているか）の計測，アスファルト混合物の状態（バインダ剥離などが発生していないかなど）を目視で確認するなどが挙げられる。また，開削の段階ごとに後述する平板載荷試験などの支持力調査を行い，破損箇所（支持力低下の著しい層）の特定を行う場合もある。

(b) 平板載荷試験方法
　平板載荷試験は，平滑な路面に鋼性円板（載荷板）を置き上部より載荷して，荷重と板の沈下量から支持力係数（K値）を測定するもので，アスファルト舗装の路床・路盤の支持力評価のための原位置試験として用いられている試験である。**図3-1**に試験装置の概要を示す。

写真 3-16　平板載荷試験状況

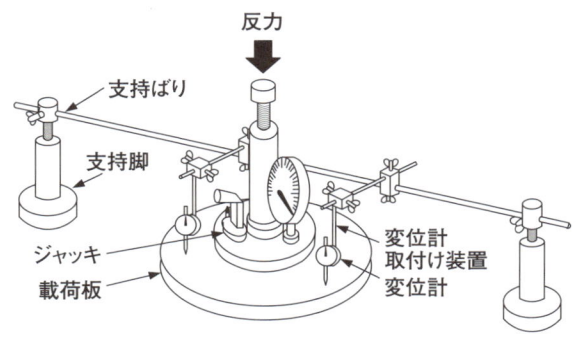

図 3-1　平板載荷試験装置の概要

(c) 小型 FWD による地盤支持力試験方法

　小型 FWD による地盤支持力試験は，重錘を地盤等に自由落下させた際の地盤のたわみと荷重を測定することで，地盤の締固めの状態や支持力などの地盤の剛性に関する評価を行う試験方法である。人力またはキャリアなどで持ち運びができる程度の大きさであり反力装置を必要としないうえ，1 回当りの測定時間が数分以内と短いことから，簡便に試験を行うことが可能である。通常の平板載荷試験での載荷は静的載荷であるが，小型 FWD 試験の載荷は衝撃載荷であるため，K_{PFWD} 値と道路の平板載荷試験から得られる K_{30} 値とは必ずしも一致しない。地盤の材料が砂や礫の場合では，K_{PFWD} 値は K_{30} 値よりも大きな値となる。K_{PFWD} 値と K_{30} 値との関係は図 3-3 と式(3.1) に示すような関係が得られている。

$$K_{PFWD} = \gamma \times K_{30} \quad (3.1)$$

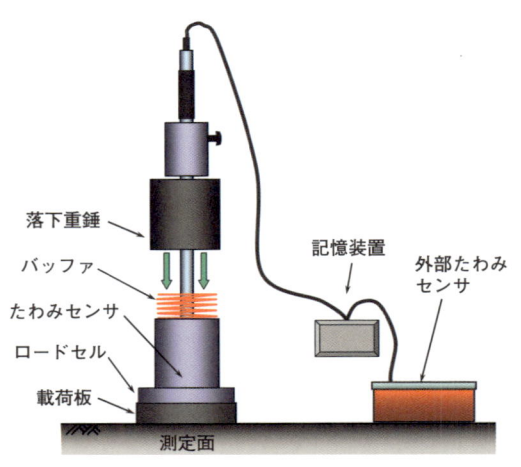

図 3-2　小型 FWD の模式図

写真 3-17　小型 FWD 試験装置

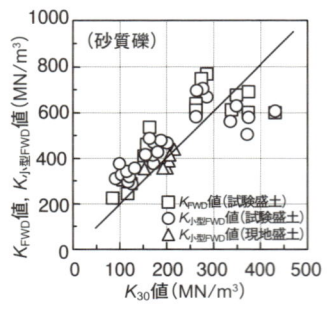

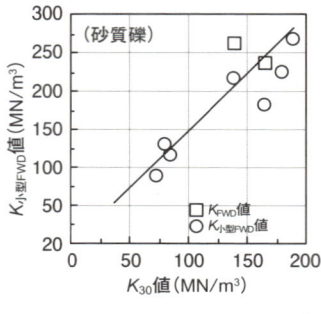

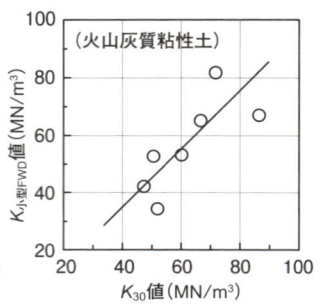

図 3-3　K_{30} 値と K_{PFWD} 値の関係[2]

(2) 非破壊探査法

(a) ベンケルマンビームによるたわみ量試験

　ベンケルマンビームによるたわみ量試験は，ダンプトラックなどの荷重車後軸の複輪の間にビームを差し入れ，車両が移動したときに生じる路面のたわみ量を測定するもので，ビーム先端の設置位置によって最大たわみ法（高速道路㈱では普通たわみ法と呼ぶ）と復元たわみ法がある。一般に，最大たわみ法は，たわみの影響範囲の小さい，すなわち荷重の分散効果の少ない面上で実施され，復元たわみ法は，その逆で荷重分散効果の大きい面上で実施される。**図3-4**に測定方法の概要を，また**写真3-18**に測定状況を示す。なお，ベンケルマンビームによるたわみ量試験には，舗装の一部を開削して行う穴あけベンケルマンビーム試験という方法もある。

　平板載荷試験に比べ供用中の道路への適用性や操作性に優れていたことから，舗装構造の調査手法として広く普及したが，以下のような問題点が指摘されている。

① 本試験で求めているのは，静的荷重に対するたわみ応答であるが，供用中の舗装への荷重は動的荷重である。
② 剛性の大きい舗装面では，ビーム前脚が輪荷重による舗装表面の沈下の影響を受けやすいため，ビーム前脚の沈下の影響を補正する必要がある。
③ 測定輪荷重を満足するためには荷重車は過積載となるため，測定場所にて荷重調整を行う必要があり，これには大変な労力を必要とする。

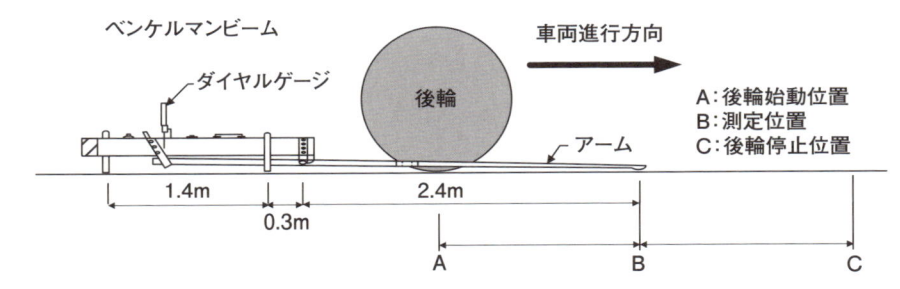

図3-4 ベンケルマンビームによるたわみ量測定方法の概要

写真3-18 ベンケルマンビームによるたわみ量試験

(b) FWDによるたわみ量測定試験

　FWDによるたわみ量測定試験は，実際の車両重量に近い動的荷重を舗装面に載荷して瞬間的に生じる表面のたわみ量の分布を計測し，舗装の構造評価を行うものである。図

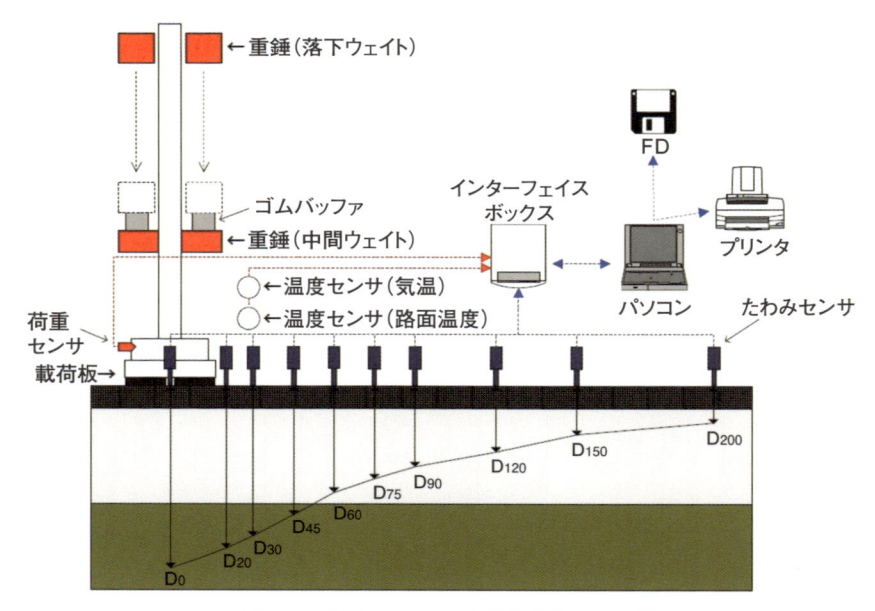

図 3-5　FWD によるたわみ量測定方法の概要

3-5 に測定方法の概要を示す。計測されるたわみは，舗装を構成する各層の構造の強弱により異なった形状を示すので，たわみ曲線からアスファルト混合物層，路盤，路床の弾性係数が求められ，舗装の健全度，路床支持力，舗装内部の欠陥箇所などの推定が可能となる。本試験は，以下のような特長を有しているので，近年，急速に普及してきており，舗装構造の調査に欠くことのできない重要な試験となってきている。

① 非破壊試験なので舗装体を傷つけない。
② 測定に要する時間が短い（1地点1〜3分）ので，限られた時間内に多くのデータが得られる。
③ 試験結果の再現性が高いので確実な評価が可能である。

写真 3-19　FWD によるたわみ量測定状況

3.2 評価方法

3.2.1 路面性状の評価（補修基準）

　舗装の補修に関する評価項目および管理水準は，管理する道路の重要性，地域性なども考慮する必要があり，画一的に定めることは適切とはいえない。したがって，原則的には各道路管理者が個別に管理水準を定めることが望ましい。現在，各機関で検討されていることは，舗装の計画・設計・施工・供用・調査点検～補修～供用と繰り返される舗装のライフサイクルを考慮した舗装管理システム（PMS：Pavement Management System）の構築である。そこでは予算レベルに応じた補修戦略の決定，設計から補修までの効率的な舗装管理のシステム化を目標として取り組みが行われており，将来における適用が期待されている。ここでは，我が国における現行の補修基準についてとりまとめて示す。

(1) 供用性指数（PSI：Present Serviceability Index）による評価

　供用性指数は，舗装の路面評価の結果を，維持修繕の優先順位やおおよその工法を見いだすなど計画上の目安となるように指数化したもので，式(3.2)により求められる。判断基準は，表3-3に示す供用性指数と，おおよその対応工法を目安にするとよい。

$$PSI = 4.53 - 0.518 \log \sigma - 0.371 C^{0.5} - 0.174 D^2 \tag{3.2}$$

ここに，σ：平たん性（mm）
　　　　C：ひび割れ率（%）
　　　　D：わだち掘れ深さの平均（cm）

表 3-3　供用性指数とおおよその対応工法[3]

供用性指数（PSI）	おおよその対応工法
3 ～ 2.1	表面処理
2 ～ 1.1	オーバーレイ
1 ～ 0	打換え

(2) 道路維持管理指数（MCI：Maintenance Control Index）による評価

　道路維持管理指数（MCI）は，前述した供用性指数（PSI）による評価が実態と合わない面が出てきたため，旧建設省において，道路管理者が主観的に維持修繕を必要と感じる路面状態を表す指標として開発されたものである。維持管理指数は，式(3.3)～(3.6)から求めた算出結果のうち最小値を採用する。MCIによる維持修繕基準の例を表3-4に示す。

$$MCI = 10 - 1.48 C^{0.3} - 0.29 D^{0.7} - 0.47 \sigma^{0.2} \tag{3.3}$$
$$MCI_0 = 10 - 1.51 C^{0.33} - 0.3 D^{0.7} \tag{3.4}$$
$$MCI_1 = 10 - 2.23 C^{0.3} \tag{3.5}$$
$$MCI_2 = 10 - 0.54 D^{0.7} \tag{3.6}$$

ここで，C：ひび割れ率（%）
　　　　D：わだち掘れ深さの平均（mm）
　　　　σ：平たん性（mm）

表 3-4　MCIにおける評価区分[4]

維持管理指数（MCI）	維持修繕基準
3 以下	早急に修繕が必要
4 以下	修繕が必要である
5 以下	望ましい管理基準

(3) 路面評価項目ごとによる評価

　実際の維持管理においては，PSI や MCI が高い箇所においても沿道住民や道路利用者からの苦情が出る場合や，個々の破損の種類と大きさによっては維持修繕を必要とする場合もある。その場合の維持修繕の判断の目安は，**表 3-5** に示す維持修繕要否判断の目標値を参考にするとよい。なお，**表 3-5** は舗装の寿命と供用性を主に考えたものであるが，このほかに人家連担地区，病院，養護施設，学校などに近接した道路もある。周辺環境を重視する地域においては，振動，騒音についても考慮しなければならない。

表 3-5　維持修繕要否判断の目標値 [3)]

道路の種類＼項目	わだち掘れおよびラベリング(mm)	段差(mm) 橋	段差(mm) 管渠	すべり摩擦係数	縦断方向の凹凸(mm)	ひび割れ率(％)	ポットホール径(cm)
自動車専用道路	25	20	30	0.25	8mプロフィル　90（PrI） 3mプロフィル　3.5（σ）	20	20
交通量の多い一般道路	30〜40	30	40	0.25	3mプロフィル　4.0〜5.0（σ）	30〜40	20
交通量の少ない一般道路	40	30	—	—		40〜50	20

(4) 国際ラフネス指数（IRI：International Roughness Index）による評価

　国際ラフネス指数（IRI）は，1986 年に世界銀行で提案された路面の評価方法であり，路面の乗り心地評価との相関も良いとされている指数である。国際ラフネス指数は，クオーターカーと呼ばれる仮想の車を測定対象路面において一定の速度で走行させたとき，その車が受ける上下方向の運動変位の累積値と走行距離の比（mm/km または mm/m）で表される。

　国際ラフネス指数の測定には，**表 3-6** に示したようなクラス 1 〜 4 の方法がある。クラス 1 の水準測量による方法が最も精度が良いが，測定に手間がかかるため，より簡単に国際ラフネス指数が計測できる路面プロファイラも開発されている（クラス 2 に相当）。これらの中にはクラス 1 の水準測量と同等の計測精度を期待できる装置も開発されている。なお，クラス 2 には，路面性状測定車も含まれている。路面性状と国際ラフネス指数の関係を**図 3-6** に示す。

表 3-6　路面の凹凸等の測定方法と IRI の算出方法 [5)]

クラス	路面の凹凸等の測定方法	IRIの算出方法
1	水準測量	間隔250mm以下の水準測量で縦断プロファイルを測定し，QCシミュレーションによりIRIを算出する。
2	任意の縦断プロファイル測定装置	任意の縦断プロファイル測定装置で縦断プロファイルを測定し，QCシミュレーションによりIRIを算出する。
3	RTRRMS（レスポンス型道路ラフネス測定システム）	RTRRMS（レスポンス型道路ラフネス測定システム）で任意尺度のラフネス指数を測定し，相関図によりIRIに変換する。
4	パトロールカーに乗車した調査員の体感や目視	パトロールカーに乗車した調査員の体感や目視によりIRIを推測する。

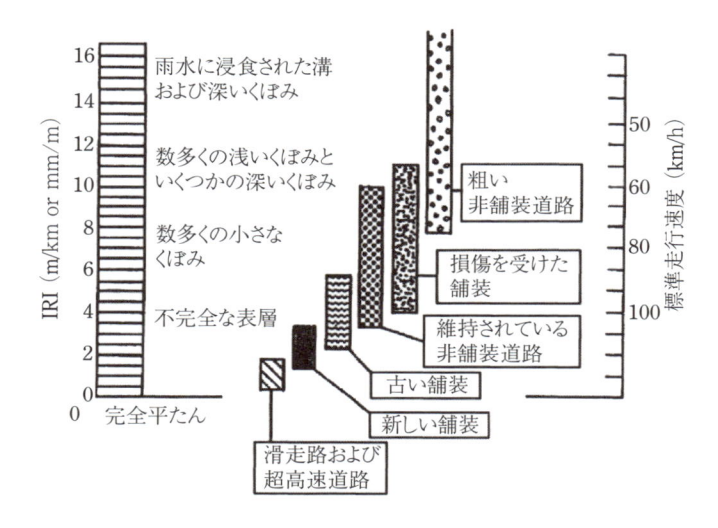

図 3-6 路面の凹凸等の測定方法と IRI の算出方法[5)]

写真 3-20 路面のプロファイリング測定装置の例（縦横断形状，IRI，テクスチャが1台で測定できる）

写真 3-21 IRI の測定ができる路面性状測定車の例

3.2.2 舗装構造の評価

ここでは，ベンケルマンビームおよび FWD によるたわみ量試験による構造評価方法について述べる。

(1) ベンケルマンビームによる構造評価

ベンケルマンビームにより測定されたたわみ量は，一般に，舗装厚，オーバーレイ厚などの舗装設計や路床・路盤の施工管理に利用されている。舗装厚やオーバーレイ厚は，アスファルト舗装の表層面で測定したたわみ量により，表3-7 から求めることができる。ただし，アスファルト混合物は温度により剛性が変化するので，図3-7 を用いてたわみ量に対する温度の影響を補正する必要がある。一方，路床・路盤の支持力の管理にも，従来からベンケルマンビームによるたわみ量試験が用いられているが，その手法はいずれも点での測定であって面的な均一性をチェックするには非効率的であった。そこでプルーフローリング試験※により面的な不良箇所を把握し，その箇所についてベンケルマンビームによるたわみ量試験を実施して，支持力を定量化する方法が有効な手段としてこれまで大規模

工事で実施されている。

※ プルーフローリング試験：施工機械と同等以上の締固め効果を持つローラなどで，締固め終了面を走行し，たわみ量をチェックする試験

$$在来路面のたわみ量 \quad D = (\bar{d} + 2\sqrt{V}) \times f \tag{3.7}$$

ここで，D：在来路面のたわみ（mm）
$\bar{d}$：測定値（輪荷重 5t）の平均値
$\sqrt{V}$：測定値の不偏分散の平方根
f：舗装体のアスファルトコンクリート層の部分の平均温度による温度補正係数（図 3-7）

表 3-7　たわみ量による所要オーバーレイ厚（単位：cm）[3]

在来路面のたわみ量 D(mm)	旧設計交通量の区分				
	L交通	A交通	B交通	C交通	D交通
0.6未満	−	−	−	4	4
0.6以上	−	−	4	6	8
1.0以上	−	4	6	10	12
1.5以上	4	6	10	12	15
2.0以上	6	10	12	15	−

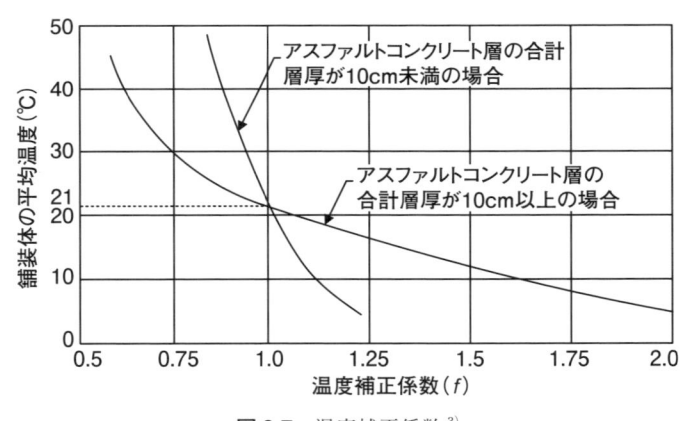

図 3-7　温度補正係数[3]

(2) FWDによる構造評価

FWDで測定したたわみ量から舗装構造を評価する方法については，「活用しよう！FWD」（財団法人道路保全技術センター，平成17年3月）および「FWDおよび小型FWD運用の手引き」（社団法人土木学会，平成14年12月）があり，通常はこれらに従い評価されている。舗装の補修にあたっては，構造評価が必要と判断された箇所においてFWD調査を実施する。さらに，たわみ量から力学的な舗装構造値を計算し，補修工法の選定を行う。最後に，選定された工法に見合う費用を用いて，概算補修費を算出することになる。なお，選定された工法に対して断面設計が必要な場合は，T_A法により断面決定を行う。T_A法によらない舗装の構造設計においては，FWD測定結果から各層の弾性係数を推測し，多層弾性理論を用いた方法により設計することが可能である。小型FWDによる地盤支持力評価については，「FWDおよび小型FWD運用の手引き」を参考にするとよい。

表 3-8 許容たわみ量の目安（μm）[6]

舗装計画交通量 （台/日・方向）	100 未満	100 以上 250 未満	250 以上 1,000 未満	1,000 以上 3,000 未満	3,000 以上
旧設計交通量の区分	L	A	B	C	D
許容たわみ量の基準値	800	600	400	300	200

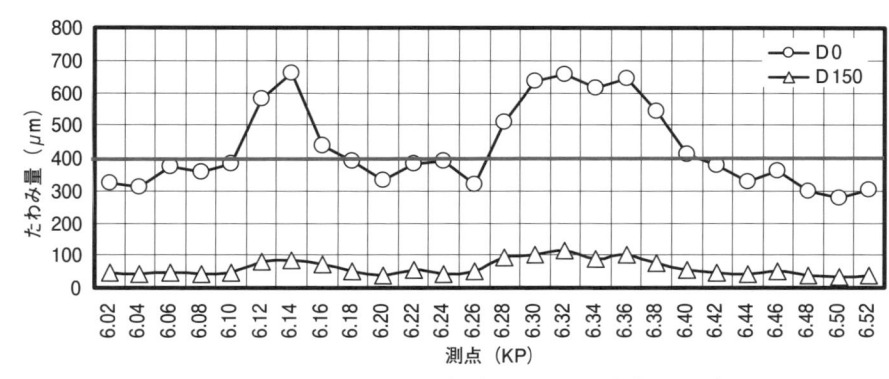

図 3-8 たわみ縦断図の例（B 交通：D_0 の基準値 400μm）

また，載荷点から 150cm の位置の D_{150} たわみ量は舗装体以下の支持力，つまり，路床の支持力を表している。このことから，式(3.8)を使って路床の支持力を推定することができる。

$$\text{現状の } CBR\text{（\%）} = 1,000/D_{150} \tag{3.8}$$

ここに，D_{150}：載荷中心から 150cm の位置のたわみ量（μm）

第 3 章 参考文献

1) 長谷川智亮，國井芳直，西川貴文：効率的な路面点検手法の検討，土木学会第 63 回年次学術講演会，pp.259〜260, 2008 年 9 月
2) 土木学会：FWD および小型 FWD 運用の手引き，平成 14 年 12 月
3) 日本道路協会：道路維持修繕要綱，昭和 53 年 7 月
4) 昭和 55 年度第 34 回建設省技術研究会報告：舗装の維持修繕の計画に関する調査研究
5) 日本道路協会：舗装調査・試験法便覧〔第 1 分冊〕国際ラフネス指数（IRI）の調査方法，平成 19 年 6 月
6) 道路保全技術センター：活用しよう！FWD, 平成 17 年 3 月

第4章　破損に対応した補修方法の選定

　道路舗装は，交通荷重や気象条件等の外的作用を常に受けており，また舗装自体の老朽化などもあり，その供用性能は次第に低下し，放置しておけばやがて円滑かつ安全な交通に支障をきたすことになる。これを防ぐためには，常に路面の状態を把握し，必要な時期に適切な補修を行うことが肝要である。補修は，舗装の破損が進行拡大する前の段階において迅速かつ適切に必要な手当てを行うもので，舗装をより長期的に機能させるための維持と，舗装の構造強化あるいは供用性能の回復・向上のために行う修繕とに区分される。

　破損の種類別にみた補修方法は，**表 4-1** に示すとおりである。ここでの選定の組合せは，あくまでも標準的なものであり，選定に際してはこれにとらわれ過ぎず，これまでの補修履歴等も考慮し，的確な補修方法を選定する必要がある。

　一般に，舗装面に生じる初期の損傷や軽微な損傷，機能的破損の対策には維持工法が用いられる。維持工法は，変形やひび割れの増大を防ぐことや，予防保全的維持，あるいは機能層（表層）のみを応急的に行う補修が目的であり，パッチング工法や表面処理工法が主体となっている。

　初期の損傷や軽微な損傷ひび割れ等を放置すると，ひび割れ部等から浸入した雨水により路盤を軟弱化させ支持力低下を招き，構造的破損まで発展する。修繕工法は，このような構造的破損に至ったものを根本的に回復させることが目的であり，切削オーバーレイ工法，オーバーレイ工法や打換え工法が主体となっている。

　そこで，**表 4-2 ～ 4-27** に，各破損の種類ごとに，その範囲や程度に応じた主な補修方法の一例を示した。

表 4-1 一般的なアスファルト舗装の破損の種類と補修方法の例

破損の種類		パッチング工法 加熱混合式工法	パッチング工法 常温混合式工法	シール材注入工法	表面処理工法 シールコート	表面処理工法 アーマーコート	表面処理工法 カーペットコート	表面処理工法 フォグシール	表面処理工法 スラリーシール	表面処理工法 マイクロサーフェシング	表面処理工法 樹脂系表面処理	その他 切削工法	その他 グルービング工法	その他 フラッシュ対策	その他 わだち部オーバーレイ	その他 線状打換え工法	その他 空隙づまり洗浄	その他 ブリスタリング対策	修繕工法 オーバーレイ工法	修繕工法 切削オーバーレイ工法	修繕工法 打換え工法	修繕工法 局部打換え工法	修繕工法 路上表層再生工法	修繕工法 路上路盤再生工法
わだち掘れ	路床・路盤の沈下によるわだち掘れ	○	○												○				○		○	○		○
	流動によるわだち掘れ											○			○				○	○		○		
	摩耗によるわだち掘れ					○		○							○				○	○				
ひび割れ	路床・路盤の支持力低下によるひび割れ			○																	○			○
	アスファルト混合物の劣化・老化によるひび割れ	○	○	○	○	○	○		○	○									○	○				
	凍上によるひび割れ	○	○																○		○			
	わだち割れ	○	○												○				○		○			
	橋面上のひび割れ						○		○	○									○					
	温度応力ひび割れ	○	○	○															○					
	ヘアクラック				○	○	○	○																
	リフレクションクラック	○	○													○			○	○				
	施工継目ひび割れ			○																				
	不等沈下によるひび割れ	○	○			○													○					
平たん性の低下	コルゲーション											○							○	○				
	くぼみ	○	○																	○				
	寄り	○	○									○								○				
	段差	○	○				○												○					
	ブリスタリング																	○	○	○	○			
すべり抵抗値の低下	ポリッシング				○	○	○		○	○	○								○	○				
	フラッシュ・ブリージング				○	○		○	○	○				○					○	○				
ポーラスアスファルト舗装の破損	空隙づまり																○		○					
	空隙つぶれ																		○			○		
	骨材飛散	○	○																○					
	基層混合物のバインダ剥離																		○			○		
その他	ポットホール	○	○																	○				
	ポンピング	○	○			○	○		○											○				
	ずれ																		○	○	○	○		

4.1 わだち掘れ

(1) 路床・路盤の沈下によるわだち掘れ

路床・路盤の沈下によるわだち掘れは，走行軌跡部において路床・路盤の支持力低下によるひび割れを伴い発生する例が多い。基本的に路床・路盤の沈下は構造的な破損であるため根本的な補修を必要とする。

表4-2 路床・路盤の沈下によるわだち掘れ補修方法の例

範囲	程度	対策	主な補修方法の例	その他の補修方法等
局部的	軽微	応急的	パッチング	
	重大	応急的	パッチング	
		根本的	局部打換え	
全体的	軽微	応急的	オーバーレイ	
	重大	応急的	オーバーレイ	
		根本的	打換え	路上路盤再生工法

(2) 流動によるわだち掘れ

流動によるわだち掘れは，比較的温暖な地域の重交通車両が多い道路に発生する例が多い。補修は，地域の気温と交通条件に対応した塑性変形抵抗性を有するアスファルト混合物の選定が重要となる。

表4-3 流動によるわだち掘れ補修方法の例

範囲	程度	対策	主な補修方法の例	その他の補修方法等
全体的	軽微	応急的	切削	わだち部オーバーレイ
	重大	応急的	オーバーレイ	
		根本的	切削オーバーレイ	打換え，路上表層再生工法

(3) 摩耗によるわだち掘れ

磨耗によるわだち掘れは，主に冬期にタイヤチェーン等を装着して走行する道路に発生する。補修は，摩耗抵抗性に優れたアスファルト混合物の選定が重要となる。

表4-4 摩耗によるわだち掘れ補修方法の例

範囲	程度	対策	主な補修方法の例	その他の補修方法等
全体的	軽微	応急的	わだち部オーバーレイ	カーペットコート
	重大	応急的	オーバーレイ	
		根本的	切削オーバーレイ	路上表層再生工法

4.2 ひび割れ

(1) 路床・路盤の支持力低下によるひび割れ

路床・路盤の支持力低下によるひび割れは，走行軌跡部において亀甲状に生じる例が多く，構造的な破損まで至っている場合が多い。

表 4-5 路床・路盤の支持力低下によるひび割れ補修方法の例

範囲	程度	対策	主な補修方法の例	その他の補修方法等
局部的	軽微	応急的	シール材注入	
局部的	重大	応急的	シール材注入	
局部的	重大	根本的	局部打換え	
全体的	軽微	応急的	シール材注入	オーバーレイ
全体的	重大	応急的	オーバーレイ	切削オーバーレイ
全体的	重大	根本的	打換え	路上路盤再生工法

(2) アスファルト混合物の劣化・老化によるひび割れ

アスファルト混合物の劣化・老化によるひび割れは，走行軌跡部に発生したひび割れが舗装面全体に亀甲状に広がる例が多く，初期段階では表面的な破損で収まっているが，これが進展し構造的な破損まで至っている場合もある。

表 4-6 アスファルト混合物の劣化・老化によるひび割れ補修方法の例

範囲	程度	対策	主な補修方法の例	その他の補修方法等
局部的	軽微	応急的	シール材注入	パッチング・表面処理工法
局部的	重大	応急的	パッチング	
局部的	重大	根本的	局部打換え	
全体的	軽微	応急的	シール材注入	
全体的	重大	応急的	オーバーレイ	
全体的	重大	根本的	切削オーバーレイまたは打換え	

(3) 凍上によるひび割れ

凍上によるひび割れは，極めて寒冷な地域で，舗装面の持ち上がりに伴ってひび割れが生じる例が多く，構造的破損に至っている場合が多い。

表 4-7 凍上によるひび割れ補修方法の例

範囲	程度	対策	主な補修方法の例	その他の補修方法等
局部的	軽微	応急的	シール材注入	パッチング
局部的	重大	応急的	シール材注入	
局部的	重大	根本的	局部打換え	
全体的	軽微	応急的	シール材注入	オーバーレイ
全体的	重大	応急的	オーバーレイ	
全体的	重大	根本的	打換え	路上路盤再生工法

(4) わだち割れ

わだち割れは，走行軌跡部に線状（縦状）に生じ，初期段階では表面的な破損で収まっているが，これが進展し構造的な破損まで至っている場合もある。

表 4-8 わだち割れ補修方法の例

範囲	程度	対策	主な補修方法の例	その他の補修方法等
局部的	軽微	応急的	シール材注入	パッチング
局部的	重大	応急的	シール材注入	
局部的	重大	根本的	局部打換え	
全体的	軽微	応急的	シール材注入	
全体的	重大	応急的	線状打換え	
全体的	重大	根本的	切削オーバーレイ	路上表層再生工法

(5) 橋面上のひび割れ

橋面上のひび割れは，特に，鋼床版の縦リブや主桁上に線状（主として縦方向）に生じる例が多く，表面的な破損でとどまっているものもあるが，構造的破損に至っている場合が多い。また，縦リブの上などはカッタを入れ，注入目地を設置してひび割れの発生を予防している事例もある。

表 4-9 橋面上のひび割れ補修方法の例

範囲	程度	対策	主な補修方法の例	その他の補修方法等
局部的	軽微	応急的	シール材注入	
局部的	重大	応急的	シール材注入	
局部的	重大	根本的	局部打換え	
全体的	軽微	応急的	シール材注入	
全体的	重大	応急的	線状打換え	
全体的	重大	根本的	切削オーバーレイ	

(6) 温度応力ひび割れ

温度応力ひび割れは，極めて寒冷な地域で線状（横方向）にほぼ一定間隔に発生する例が多く，初期段階では表面的な破損で収まっているが，これが進展し構造的な破損まで至っている場合もある。

表 4-10 温度応力ひび割れ補修方法の例

範囲	程度	対策	主な補修方法の例	その他の補修方法等
局部的	軽微	応急的	シール材注入	
全体的	軽微	応急的	シール材注入	パッチング
全体的	重大	応急的	シール材注入	
全体的	重大	根本的	局部打換え	切削オーバーレイ

(7) ヘアクラック

ヘアクラックは，舗装面全体に微細な線状に生じる例が多く，表面的な破損がほとんどである。したがって軽微な損傷の場合が多く，表面処理工法により補修する。

表 4-11 ヘアクラック補修方法の例

範囲	程度	対策	主な補修方法の例	その他の補修方法等
局部的	軽微	応急的	表面処理工法	
全体的	軽微	応急的	表面処理工法	

(8) リフレクションクラック

リフレクションクラックは，アスファルト混合物の下層にコンクリート版またはセメント安定処理路盤がある場合に線状（縦または横方向）に生じる例が多い。

表4-12 リフレクションクラック補修方法の例

程度	対策	主な補修方法の例	その他の補修方法等
軽微	応急的	シール材注入	パッチング
重大	応急的	線状打換え	
	根本的	局部打換え	クラック抑制シート併用

(9) 施工継目ひび割れ

施工継目ひび割れは，施工継目部に線状（縦または横方向）に生じる例が多く，表面的な破損がほとんどである。

表4-13 施工継目ひび割れ補修方法の例

範囲	程度	対策	主な補修方法の例	その他の補修方法等
局部的	軽微	応急的	シール材注入	
	重大	応急的	シール材注入	
		根本的	局部打換え	
全体的	軽微	応急的	シール材注入	
	重大	応急的	線状打換え	
		根本的	切削オーバーレイ	

(10) 不等沈下によるひび割れ

不等沈下によるひび割れは，構造物周辺や路体切盛境界等に線状（横，縦または不規則）に生じる例が多く，構造的破損に至っている場合が多い。

表4-14 不等沈下によるひび割れ補修方法の例

程度	対策	主な補修方法の例	その他の補修方法等
軽微	応急的	シール材注入*	
重大	応急的	表面処理工法**	
	根本的	局部打換え	

＊：線状の場合（パッチングも可）　　＊＊：亀甲状の場合

4.3 平たん性の低下

(1) コルゲーション

コルゲーションは，通行車両が頻繁にブレーキをかける箇所に生じる例が多い。主に想定外の荷重がかかったり，アスファルト混合物の品質不良や層間の接着不良などが原因であることが多いため，根本的に補修することが多い。

表4-15 コルゲーション補修方法の例

程度	対策	主な補修方法の例	その他の補修方法等
軽微	応急的	切削	
重大	応急的	オーバーレイ	
	根本的	切削オーバーレイ	

(2) くぼみ

くぼみは，基礎地盤の局部的沈下や混合物の品質不良に起因する例が多く，その面積は比較的小さいことから，駐車場などにくぼみが多数発生した場合のみ，根本的な補修を行う例が多い。

表 4-16　くぼみ補修方法の例

範囲	程度	対策	主な補修方法の例	その他の補修方法等
局部的	軽微	応急的	パッチング	
	重大	応急的	パッチング	
		根本的	局部打換え	

(3) 寄り

寄りは，主にプライムコート，タックコートの散布量の過多・不均一が原因であるため，不良部分を切り取った後に埋め込むパッチング工法で補修することが多いが，隆起部の切削工法を採用することもある。

表 4-17　寄り補修方法の例

範囲	程度	対策	主な補修方法の例	その他の補修方法等
局部的	軽微	応急的	パッチング	切取りと併用（切削工法）
	重大	応急的	パッチング	切取りと併用（切削工法）
		根本的	局部打換え	

(4) 段差

段差は，主に不等沈下が原因で発生するので，沈下の進行が止まらない場合には根本的な補修が必要となる。

表 4-18　段差補修方法の例

範囲	程度	対策	主な補修方法の例	その他の補修方法等
局部的	軽微	応急的	パッチング	
	重大	応急的	パッチング	ひび割れ部へのシール材注入
		根本的	局部打換え	

(5) ブリスタリング

橋面舗装のブリスタリングは，防水層の施工直後に防水材自体が床版中の水分によって発生する場合とレベリング層を舗設中に発生する場合および舗装施工直後に発生する場合がある。いずれの場合も，穴を開けて，内部の水蒸気を排気した後に補修する。

表 4-19　ブリスタリング補修方法の例

範囲	程度	対策	主な補修方法の例	その他の補修方法等
局部的	軽微	応急的	ブリスタリング対策	
	重大	応急的	ブリスタリング対策	
		根本的	局部打換え	
全体的	軽微	応急的	ブリスタリング対策	
	重大	応急的	ブリスタリング対策	
		根本的	切削オーバーレイ	

4.4 すべり抵抗値の低下

(1) ポリッシング

ポリッシングは，主にアスファルト混合物中の粗骨材の品質不良が原因であり，ポリッシングが進行すると，すべり抵抗性が低下する。

表 4-20 ポリッシング補修方法の例

範囲	程度	対策	主な補修方法の例	その他の補修方法等
局部的	軽微	応急的	表面処理工法	グルービング工法
	重大	応急的	表面処理工法	グルービング工法
		根本的	局部打換え	
全体的	軽微	応急的	表面処理工法	オーバーレイ
	重大	応急的	表面処理工法	オーバーレイ
		根本的	切削オーバーレイ	

(2) フラッシュ・ブリージング

フラッシュ・ブリージングは，主にアスファルト混合物の品質不良やタックコートの過剰散布が原因である。なお，フラッシュ・ブリージングしたアスファルト層は流動を起こすことが懸念されるので，応急的な補修後であっても，時期をみて根本的に補修することが望ましい。

表 4-21 フラッシュ・ブリージング補修方法の例

範囲	程度	対策	主な補修方法の例	その他の補修方法等
局部的	軽微	応急的	フラッシュ対策	
	重大	応急的	フラッシュ対策	
		根本的	局部打換え	
全体的	軽微	応急的	表面処理工法	オーバーレイ
	重大	応急的	表面処理工法	オーバーレイ
		根本的	切削オーバーレイ	

4.5 ポーラスアスファルト舗装の破損

(1) 空隙づまり

空隙づまりは，ポーラスアスファルト舗装の空隙に，沿道や車両のタイヤからの土やゴミ等の物質がつまることであり，機能が低下する原因の一つである。空隙がつぶれていない場合，路面洗浄車である程度の機能回復が望める。

表 4-22 空隙づまり補修方法の例

程度	対策	主な補修方法の例	その他の補修方法等
軽微	応急的	空隙づまり洗浄	
重大	応急的	空隙づまり洗浄	
	根本的	切削オーバーレイ	

(2) 空隙つぶれ

空隙つぶれは，主にポーラスアスファルト舗装が高温となる時期に走行車両のタイヤにより圧密され，空隙が閉塞することが原因である。つぶれた空隙は回復できないので，根本的な補修が必要となる。

表 4-23 空隙つぶれ補修方法の例

範囲	程度	対策	主な補修方法の例	その他の補修方法等
局部的	重大	根本的	局部打換え	
全体的	重大	根本的	切削オーバーレイ	

(3) 骨材飛散

ポーラスアスファルト舗装の骨材飛散は，通行車両の制動や据え切り，また冬期のタイヤチェーン装着車両の走行により舗装表面から骨材が飛散するため，回復することが困難であり，根本的な補修が必要となる。骨材飛散の予防的措置として，交差点部等の車両が頻繁に旋回・すえぎりを行う箇所には樹脂系表面処理等を施すことがある。

表 4-24 骨材飛散補修方法の例

範囲	程度	対策	主な補修方法の例	その他の補修方法等
局部的	軽微	応急的	パッチング	
	重大	応急的	パッチング	
		根本的	局部打換え	
全体的	軽微	応急的	パッチング	
	重大	応急的	切削オーバーレイ	
		根本的	切削オーバーレイ	

(4) 基層混合物のバインダ剥離

排水性舗装は，雨水を基層面の排水勾配で側溝などに導く構造となっている。そのため基層部分に水分が浸入しやすく，この水分と交通荷重，日中の舗装体温度上昇などによって基層混合物のバインダ剥離が生じる場合がある。基層のバインダ剥離が生じると，表層に局部的な側方流動が生じたり，破損が進行すると剥離した基層混合物の骨材が飛散するまで進展する場合もある。このような損傷が生じた場合は，基層からの切削オーバーレイによる補修が必要になる。

表 4-25 基層混合物のバインダ剥離補修方法の例

範囲	程度	対策	主な補修方法の例	その他の補修方法等
局部的	重大	根本的	局部打換え	
全体的	重大	根本的	切削オーバーレイ*	

＊：剥離を起こした層からの切削

4.6 その他の損傷

(1) ポットホール

一般的には,補修部分に舗装材料を直接あるいは不良部分を切り取った後に埋め込むことが多い。ポットホールの発生により,路盤・路床の支持力低下が認められる場合は根本的な補修を行うことが望ましい。

表 4-26 ポットホール補修方法の例

範囲	程度	対策	主な補修方法の例	その他の補修方法等
局部的	軽微	応急的	パッチング	
	重大	応急的	パッチング	
		根本的	局部打換え	

(2) ポンピング

根本的な補修が必要で維持工法では対処できないが,応急的に処置する場合に限り表面処理工法を施すこともある。

表 4-27 ポンピング補修方法の例

範囲	程度	対策	主な補修方法の例	その他の補修方法等
局部的	重大	応急的	パッチング	表面処理工法
		根本的	局部打換え	

(3) ずれ

ずれの補修は,接着不良となったアスファルト層の層間より上の混合物を撤去する必要があるため,応急的な補修は基本的に困難である。

表 4-28 ずれ補修方法の例

範囲	程度	対策	主な補修方法の例	その他の補修方法等
局部的	重大	根本的	局部打換え	
全体的		根本的	打換え	切削オーバーレイ

第 5 章　補修方法の種類 I：維持工法

　維持工法は，舗装の破損を根本的に修復しようとするものではなく，あくまでも応急的な補修により，舗装の供用性能を保持しようとするものである。アスファルト舗装の維持工法には，パッチング工法，シール材注入工法，表面処理工法などがある。

5.1　パッチング工法

　パッチング工法は，ポットホール，段差，部分的なひび割れおよびくぼみなどをアスファルト混合物等で応急的に填充する工法である。この工法には，破損箇所を事前処理せずにアスファルト混合物等を直接埋め込むような極めて簡易で暫定的な方法と，カッタを入れ不良部分を取り除いてからアスファルト混合物等にて埋め戻す方法とがあり，前者は特に緊急を要する補修に用いられている。一般的にパッチング工法には，加熱混合式工法と常温混合式工法とがあり，補修技術の研究開発によって使用する材料や施工方法も多様となっている。そのため，常温混合物でありながら施工直前に加熱して補修する工法などについては，前述の工法名称に従った分類が困難となってきている。

　このような背景を踏まえ，本ハンドブックでは使用材料と施工方法の観点から，加熱アスファルト混合物を使用するパッチング工法を加熱施工工法，袋状の常温混合物を使用するパッチング工法を常温施工工法と称し紹介する。

5.1.1　加熱施工工法
【概要】
　加熱施工工法は，ポットホール，段差，およびくぼみなどに加熱アスファルト混合物を応急的に填充する工法である。既設舗装との付着が良く，耐久性や安定性に優れるため，大型車交通量の多い道路の補修に適している。

【使用材料】
　加熱アスファルト混合物は，基本的に，既設舗装と同様の材料を用いることが望ましいが，一般的にパッチング工法は緊急性を有するケースが多いため，最大粒径13mm 以下の密粒度あるいは細粒度の混合物が用いられている。なお，タックコートにはアスファルト乳剤（PK-4）を用いる。

写真 5-1　加熱施工工法

【施工方法】
(1) 準備工
　加熱施工工法によるパッチングに際し，以下の前処理を行う。

① 破損部分および不良部分を含んだ範囲を，コンクリートカッタなどで切り取り整形する。なお，ポットホールのように小面積を補修する場合には，カッタ切断は不要である。
② 切り取り面の内側や周囲にあるゴミや泥を取り除く。
③ 底面や側面にタックコートを塗布する。なお，凹部に滞留した余剰のタックコート材は布などで拭き取っておく。

(2) 混合物の運搬・敷きならし
① 一般的に使用量は少量であり，運搬中は温度低下を防ぐためシートなどで覆いをする。
② 締固めが十分行えないため，供用後の沈下を考慮し，周囲の路面より1cm程度高めに仕上がるよう敷きならす。

(3) 転　圧
転圧は，小型のロードローラやビブロプレートを用いて締め固める。

(4) 養　生
表面を手で触ることができる温度になるまで養生する。

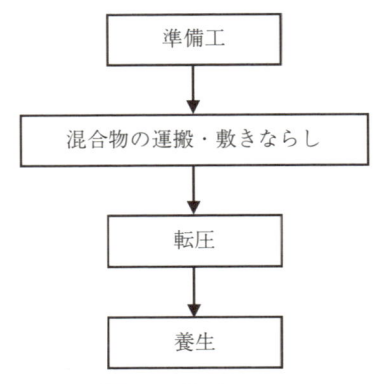

図 5-1　施工フロー

【留意事項】
① 歩道から大型車交通量の多い車道まで幅広く適用できる。
② 使用する舗装材料は，既設舗装と同様の加熱アスファルト混合物を用いることが望ましい。
③ 緊急の場合には，手近にある他の加熱アスファルト混合物を用いてもよい。
④ 施工に際し，適用箇所を清掃し湿潤面は十分に乾燥する。
⑤ 所定の締固め温度が得られるように素早く施工する。やむを得ず，バーナーによる加熱を行う場合は，必要最小限にとどめる。
⑥ 隅角部や縁部およびロードローラが使用できない小面積の場所は，加熱したタンパなどで十分に締め固める。

写真 5-2　施工状況

5.1.2　常温施工工法
【概要】
本工法に用いる混合物は，常温で取り扱えるのが特徴で，材料の種類によっては貯蔵が可能である。取り扱いが容易であることから，軽交通道路や緊急性を要する場合に使用される。一方，一般的に加熱アスファルト混合物と比較して初期の安定性や耐久性に劣り，養生期間も必要である。しかし，近年では安定性，耐久性等に優れたものや養生時間が短い混合物も開発されている。

【使用材料】
常温混合物は，一般にカットバックアスファルト系，アスファルト乳剤系，反応型樹脂系に分類される。取り扱いの簡便性といった機能に加えて，近年では，耐水

写真 5-3 常温施工工法

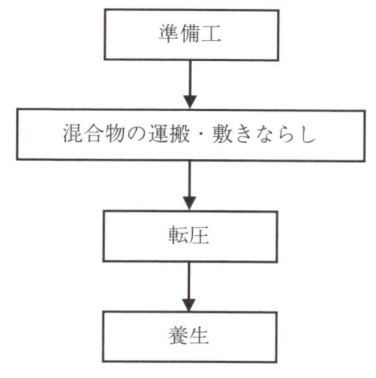

図 5-2 施工フロー

性，接着性を強化し，補修箇所に水があっても接着性が良く，剥離しない混合物も開発されている。特に樹脂系の混合物においては，施工後すぐに交通開放でき，耐久性に優れたものが開発されており，路面の乾湿の状態，気温，可使時間などに応じて材料を選定するとよい。

【施工方法】
(1) 準備工
　加熱施工工法と同様の前処理を行う。ただし，最近のパッチング材はタックコートを行わない場合もある。
(2) 混合物の敷きならし
　① 袋詰めされた常温混合物を使用する。
　② 締固めが十分行えないため，供用後の沈下を考慮し，周囲の路面より1cm程度高めに仕上がるように敷きならす。

写真 5-4 施工状況

(3) 転　圧
　転圧は，小型のロードローラやビブロプレートを用いて締め固める。
(4) 養　生
　原則として，瀝青材料中の水分や溶剤が揮発あるいは樹脂が完全に硬化するまで交通に供してはならないが，不良箇所が狭所である場合には，補修後短時間で開放することもある。

【留意事項】
　① 一般的に初期の安定性や耐久性に劣り，養生期間も必要であるため，大型車交通量の多い道路には向かない。
　② 大型車交通量の多い道路でも緊急性を要する場合には，暫定的に適用することもある。
　③ 隅角部や縁部およびロードローラなどが使用できない小面積の場所は，加熱したタンパなどで十分に締め固める。
　④ 反応型樹脂系混合物を使用する場合，定められた可使時間内に使用する。

5.2 シール材注入工法

シール材注入工法は，補修するクラックの清掃・乾燥等事前処理を行った後，クラックシール材，アスファルトモルタル，スラリー混合物，ブローンアスファルト，注入目地材などのアスファルト系シール材や，エポキシ・MMA 樹脂等の常温樹脂系シール材を充填して修理する工法である。これらの工法の中から，路面の乾湿の状態，気温，可使時間などに応じて，対象とするひび割れ幅に適用できるものを選定するとよい。なお，当該工法は，舗装の延命化と舗装補修費のコスト縮減を図る観点から，近年では採用されることが多くなっている。

5.2.1 アスファルト系シール材注入工法
【概要】
アスファルト・ゴムなどからなる加熱注入式シール材を注入して補修する工法である。高温時の流動・流出および低温時の脆化・硬化破壊がなく，粘着力を有し接着性が高く，弾力性に優れているため膨張・収縮によく順応する。後述する樹脂系シール材と比較して粘性が高いため，比較的幅の広い（5〜10mm 程度）ひび割れに適用する。

写真 5-5 アスファルト系シール材注入工法

【使用材料】
アスファルト系シール材は現在，多様なものが使用されている。比較的細い線状のクラックには，粘性が小さく浸透力の大きいアスファルト乳剤系またはカットバックアスファルトなどが適している。太い線状ひび割れや，コンクリート舗装上のアスファルト層に見られるリフレクションクラックで幅の広いものについては，アスファルトモルタル，スラリー混合物，ブローンアスファルト，注入目地材などが適している。

【施工方法】
(1) 施工箇所の清掃
　① ひび割れ内部のゴミや泥を圧縮空気などで吹き飛ばして清浄する。
　② ひび割れの周囲の緩んだ部分を取り除く。
(2) シール材準備
　シール材を加熱溶融し準備する。

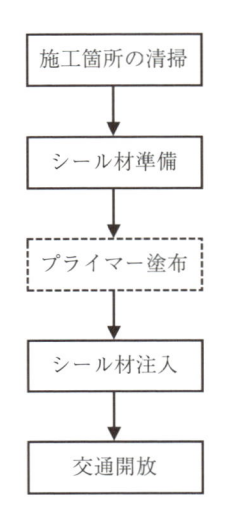

図 5-3 施工フロー

施工箇所の清掃
↓
シール材準備
↓
プライマー塗布
↓
シール材注入
↓
交通開放

(3) プライマー塗布
　場合によって，接着性向上を目的にプライマーを塗布する。
(4) シール材注入
　① シール材をひび割れに沿って流し込み，ブラシなどでひび割れによく浸透させる。
　② 余剰分はケレン等ですきとり，表面を成型する。
　③ 必要に応じて，タイヤへの付着防止の目的で，砂または砕石 5〜2.5mm を散布する。
(5) 交通開放
　シール材が十分硬化したことを確認し交通開放する。
【留意事項】
　湿潤面はバーナーなどを用いて十分に加熱乾燥させた後に充填する。

5.2.2　常温樹脂系シール材注入工法
【概要】
　常温硬化型の樹脂系シール材を注入して補修する工法である。使用材料にもよるが，一般的に硬化が速く，低温でも硬化し，柔軟性がありひび割れに追従しやすいため，作業性に優れ迅速な施工が可能である。このような柔軟性から，幅の狭いひび割れ（5mm 程度以下）にも適用できる。
【使用材料】
　エポキシ樹脂や MMA 樹脂などが使用されている。

写真 5-6　樹脂系シール材注入工法

【施工方法】
　施工方法はアスファルト系シール材注入工法に準じる。ただし，施工方法の (2)「シール材準備」，(3)「プライマー塗布」は省略できる。
【留意事項】
　① シール材が浸透して沈下した場合，程度に応じて再度充填する。
　② 一般的にアスファルト系シール材に比べてコスト高であるため，工法の選定に際して費用対効果を検討する。
　③ 定められた可使時間内に使用する。
　④ 湿潤面はバーナーなどを用いて十分に加熱乾燥させた後に充填する。

5.3　表面処理工法

　表面処理工法は，アスファルト舗装の表面に破損が生じた場合に，路面に薄い封かん層（2.5cm 以下）を設ける工法である。路面のすべり抵抗を回復・向上させる工法であり，樹脂系表面処理工法などもある。また，表面の遮水性を回復させる予防的維持[※]処置としてのマイクロサーフェシング工法などがある。

　※　予防的維持とは舗装の破損が許容限界に達する前に何らかの対策を取り，許容限界に達するまでの期間を延ばす行為を指す。

5.3.1 シールコートおよびアーマーコート

【概要】

　シールコートは，耐水性，摩耗抵抗性を持たせるため，舗装表面に瀝青材料（アスファルト乳剤，カットバックアスファルト，ストレートアスファルト）を薄く均一に散布し，これを骨材で覆う薄い一層の表面処理工法である。

　アーマーコートは，シールコートを2層以上重ねて施工する工法で，既設路面の老化程度，交通量などによって，厚い封かん層を必要とされる場合に用いる。

写真 5-7　シールコート（瀝青材料の散布）

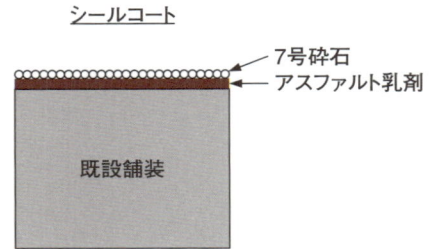

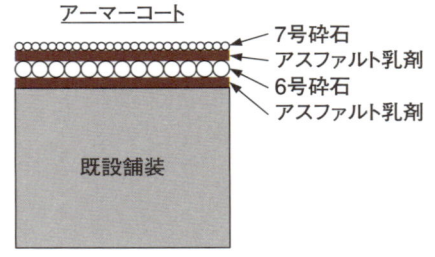

図 5-4　シールコートとアーマーコートの一例（アスファルト乳剤を使用した場合）

【使用材料】

　使用する乳剤や骨材の種類ならびにこれらの使用量は，気象条件，交通量，路線状況，既設舗装面の状態などに応じて，適宜選択することが必要である。使用乳剤としては，比較的交通量の少ない箇所には PK-1, 2，比較的交通量の多い箇所には PKR-S-1, 2，勾配がある箇所や分解を早めたいときには PK-H を使用するのが一般的である。骨材は硬質で，できる限り細粒分やダストのないものを使用する。

　それぞれの工法の材料とその使用量を**表 5-1** に示す。

表 5-1　シールコートおよびアーマーコートの標準材料使用量（100m^2 当り）[1]

アスファルト乳剤の種類	PK-1, PK-2, PKR-S-1, PKR-S-2			PK-H		
層　数	1	2	3	1	2	3
アスファルト乳剤（リットル） 砕石5号（m^3）			80〜100 1.8			80〜100 1.8
アスファルト乳剤（リットル） 砕石6号（m^3）		80〜100 1.0	170〜190 0.8	110〜130	80〜100 1.0	130〜150 0.8
アスファルト乳剤（リットル） 砕石7号（m^3）	80〜100 0.5	120〜140 0.6	120〜140 0.6	0.9	100〜120 0.6	100〜120 0.6

【施工方法】

(1) 準備工

　① 小さなポットホールは穴埋めし，破損の著しい箇所は打ち換える。

　② 縁石，マンホール，ガードレールなどに瀝青材料が付着しないように保護を行う。

　③ 舗装の表面を清掃する。

(2) 瀝青材料の散布

瀝青材料（一般にはアスファルト乳剤）の散布はエンジンスプレイヤ，アスファルトディストリビュータを使用する。散布にあたって所定の散布量が均一に散布されているかどうかを確かめる。

(3) 骨材の散布

骨材は，よく乾燥して清浄なものを使用する。ただし，アスファルト乳剤を使用する場合については，骨材は多少湿っていてもよい。

(4) 転　圧

転圧はタイヤローラを使用することが望ましい。転圧は骨材の散布後できるだけ早く行い，骨材が瀝青材料の中に落ち着くまで続ける。

(5) 養　生

瀝青材料が完全に硬化するまで車両を通してはならない。やむを得ず車両を通すときは低速で通行するように規制する。

図 5-5　シールコートの施工フロー

※アーマーコートの場合には，瀝青材料の散布，骨材の散布，転圧を2層以上施工する

【留意事項】

① 骨材を必要以上に多く散布すると，付着の阻害となったり交通開放後の飛散の原因となり，処理層を傷めることになる。骨材が付着しにくい寒冷期やダストの多い骨材の使用，交通量の多い箇所での施工などでは，加熱骨材またはプレコート骨材を使用し，さらに乳剤も加温して用いるとよい。

② 浸透用の改質乳剤も開発されており，交通量の多い場合など適宜検討するとよい。また，近年は施工機械の改良・開発も進んでいる。海外ではチップスプレッダの大型化とともに前進しながら骨材散布が可能なタイプも使用され，施工効率ならびに安全性の飛躍的な向上が図られている。さらに，乳剤散布と骨材散布が1台で同時に施工可能な機械が開発されており，加えて専用の改質乳剤とプレコート骨材を均一に散布することにより，処理層の耐久性向上を図っている。

5.3.2　カーペットコート

【概要】

カーペットコートは，既設舗装上に加熱混合物を敷きならし，厚さ1.5～2.5cmの薄層に締め固める工法である。この表面処理の特長は，舗設後比較的早期に交通開放ができることにある。修繕工法のオーバーレイ工法と比較して，舗設作業上は特に差はないが，厚さに関してオーバーレイ工法が一般に3～5cmであるのに対し，これよりも薄い。

【使用材料】

一般に，砕石，スクリーニングス，砂，

写真 5-8　カーペットコート

石粉および瀝青材料を用いた加熱混合物を使用する。骨材の最大粒径は舗装厚の1/2以下とすることが望ましく，一般的には5mmのものを用いる。瀝青材料は，針入度80以上のストレートアスファルトを用いる。また，耐久性改善のためにゴム，樹脂などの添加剤を併用することもある。**表 5-2** にカーペットコート工法の標準配合を示す。

表 5-2 カーペットコートの標準配合

ふるい目	通過質量百分率（％）
13.2mm	100
4.75mm	90 ～ 100
2.36mm	50 ～ 80
300μm	15 ～ 35
75μm	3 ～ 12
アスファルト量（％）	6.0 ～ 9.5

【施工方法】
(1) 準備工
　既設舗装表面を人力または路面清掃車で清掃する。
(2) タックコート
　タックコートはアスファルト乳剤を用いるが，表面処理の厚さが薄いのでタックコートの散布量が多すぎると，表面処理に影響（ブリージングやわだちの原因となる）を及ぼすので散布量に注意する。
(3) 混合物の敷きならし
　平たん性の確保のためアスファルトフィニッシャを用いるのがよい。
(4) 転圧
　一般に5t以上のタイヤローラやタンデムローラが使用される。
(5) 養生
　施工した混合物の温度が50℃以下に下がれば直ちに交通開放してよい。

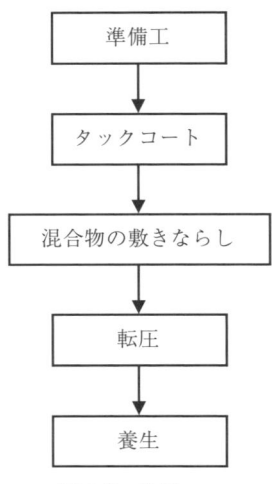

図 5-6 施工フロー

【留意事項】
① 細粒分が多く締め固めにくいので，所定の転圧温度を確保する。
② 施工厚が薄いことから混合物温度が下がりやすいため，できる限り早く初期転圧を行う。
③ ヘアクラックが生じやすいので，高締固めタイプのアスファルトフィニッシャを使用するとよい。

5.3.3 フォグシール

【概要】
　フォグシールは水で薄めたアスファルト乳剤を薄く散布し，小さいひび割れや表面の空隙を充填して，路面を若返らせる工法である。特に交通量の少ない箇所に用いて効果がある。交通開放を急ぐ場合には，散布した乳剤の上から砂をまく。

【使用材料】
　アスファルト乳剤はMK-2, 3を用い，これを同量の水で薄めて 0.5 ～ 0.8 l/m^2 散布

写真 5-9 フォグシール

する。
【施工方法】
(1) 準備工
　既設舗装表面を人力または路面清掃車で清掃する。
(2) 瀝青材料の散布
　瀝青材料の散布はエンジンスプレイヤ，アスファルトディストリビュータを使用する。散布にあたって所定の散布量が均一に散布されているかどうかを確かめる。
(3) 養生
　施工時期により異なるが施工後1〜2時間で交通に開放することができ，交通開放を急ぐ場合は砂を$0.2〜0.3m^3／100m^2$散布しておくとよい。

図5-7　施工フロー

【留意事項】
① 所定量を均一に散布すること。
② 冬期に施工する場合は，蒸発残留物の針入度が100以上の乳剤を使用した方がよい場合がある。
③ 散布量が過多の場合や希釈が不十分などでアスファルト量が多いと，施工直後は表面が緻密になり雨水が滞留してすべりやすくなるため，砂を散布するとよい。

5.3.4　スラリーシールおよびマイクロサーフェシング工法
【概要】
　スラリーシール工法は，細骨材およびフィラーとアスファルト乳剤とを混合してスラリー（流動）状とし，薄く（3〜10mm程度）敷きならす工法で，転圧作業を必要としない。
　マイクロサーフェシング工法はスラリーシール工法の一種であるが，急速分解型の改質アスファルト乳剤を使用し，交通開放までの時間を短縮できるとともに高い安定性を示す工法として，すべり抵抗の回復などの目的で使用されている。特に，

写真5-10　マイクロサーフェシング工法

修繕が必要となる前の予防的な処置として施工することで延命効果が期待でき，トータルライフサイクルコストの観点から着目されている。また，この工法は常温施工であることから，舗設に係わるエネルギーおよびCO_2の削減など，環境面からも注目されている。

【使用材料】
　スラリーシールに使用する材料は，細骨材，フィラー，所要量のアスファルト乳剤MK-2，3と適量の水を加えて混合したものとする。**表5-3**にスラリーシール混合物の粒度を示す。マイクロサーフェシング混合物の粒度の例を**表5-4**に示す。タイプⅠはスクリーニングス単独，タイプⅡはスクリーニングスと砕石7号を併用する。

表 5-3　スラリーシール混合物の粒度[1]

ふるい目	通過質量百分率（％）	
	簡易舗装要綱（昭和54年版）	国際スラリー協会・標準型
4.75mm		98～100
2.36 mm	100	65～90
1.18 mm	55～85	45～70
600μm	35～60	30～50
300μm	20～45	18～30
150μm	10～30	10～21
75μm	5～15	5～15

表 5-4　マイクロサーフェシング混合物の粒度範囲および適用厚の例[1]

ふるい目	タイプ I	タイプ II
9.5mm		100
4.75 mm	100	90～100
2.36 mm	90～100	65～90
1.18 mm	—	—
600μm	40～65	30～50
300μm	25～42	18～30
150μm	15～30	10～21
75μm	10～20	5～15
適用厚（mm）	3～5	5～10

【施工方法】

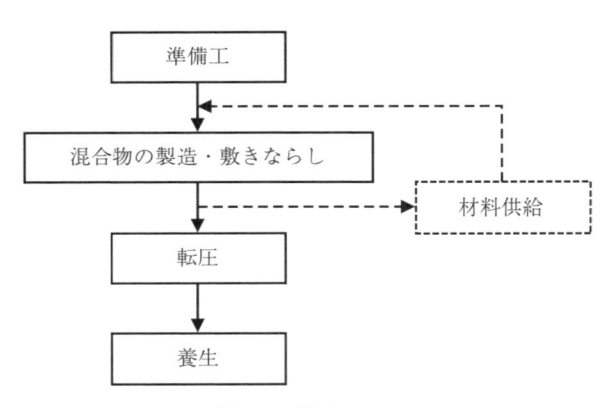

図 5-8　施工フロー

(1) 準備工
　① 破損箇所の補修（ひび割れの処理，ポットホールのパッチング，わだちのコブ取りなど）を行う。
　② 既設構造物，起終点の路面保護を行う。
　③ 路面の清掃を行う。
　④ タックコートの散布（既設路面がコンクリート舗装の場合）を行う。

(2) 混合物の製造・敷きならし
① 専用のペーバにて所定の配合でスラリー状混合物を製造し，所定の平均敷きならし厚さが得られるように敷きならす。混合物の製造・敷きならしにあたっては以下の点に留意する。
② 混合物の単位時間当りの製造量は，施工幅員，平均敷きならし厚さ，施工速度を考慮して設定する。
③ 混合物は硬化速度が速いので作業はすみやかに行う。

(3) 転圧
養生中に硬化状態を見計らってタイヤローラを用いて転圧する。転圧は混合物中の水分排除による混合物層の早期安定化を目的に行うものである。転圧回数は一般に10t級のタイヤローラで1～2往復程度とする。

(4) 養生
敷きならし終了後，混合物が所要の硬化状態となるまで養生を行う。養生時間は気象条件や交通条件により異なるので，そのつど混合物の硬化度合いを確認しながら，交通開放時期を決定する。

写真 5-11　既設桝の保護

写真 5-12　混合物の製造・敷きならし

写真 5-13　転圧状況

【施工時の留意事項】
① 施工時の外気温が10℃程度以下となることが予想される場合，可能な限り日照のある時間帯に施工することが望ましい。やむを得ず曇天，高湿度が予想される場合，夜間施工が予定されている場合には，あらかじめ試験施工などにより混合物の硬化状態を確認するとともに，養生方法として加熱養生を検討しておく。
② 施工時の外気温が25℃程度以上となることが予想される場合，気象データなどをもとに施工時間帯（早朝または夜間施工など）を検討しておく。また，外気温が25℃以下であっても，施工時の路面温度が著しく高いときなどは，既設路面へ散水して路面温度を下げることも検討することが必要である。

【養生・交通開放時の留意事項】
① 養生時間は，現場条件や気象条件などで混合物の硬化速度が異なるため，交通開放はそのつど硬化度合いを目視・指触によって確認して決定する。特に，曇天，低温，高湿度，夜間施工など十分な硬化状態が得られないことが予想される場合は，必要に応じて加熱養生を行うことが有効である。

② 加熱養生を行う場合には，局部的な場合はガスバーナなどで軽く加熱し，広範囲の場合には赤外線ヒータ車などの加熱装置を搭載した機械により加熱するとよい。

5.3.5 樹脂系表面処理工法

【概要】

樹脂系表面処理工法は，舗装表面にエポキシ樹脂などを散布あるいは塗布し，その上に，硬質骨材を散布・固着させたもので，特にすべり止め効果などを期待する工法である。顔料あるいは着色骨材を利用することによって着色舗装としたり，最近では夜間に車のライトで光る骨材を使用し交通事故防止対策として適用することもできる。

写真 5-14 樹脂系表面処理工法

【使用材料】

使用するエポキシ樹脂は，一般に主剤と硬化剤の2液よりなり，混合によって化学反応を起こし硬化する。使用にあたっては，施工温度，可使時間などの施工条件に合わせて適切なものを選定する。骨材としては，エメリー，着色磁器質骨材および炭化珪素質骨材とがある。カラー舗装の場合は，人工着色骨材（セラミック骨材，着色エメリー）などを使用する。バインダーおよび硬質骨材の品質規格をそれぞれ**表 5-5** および **表 5-6** に示す。

表 5-5 樹脂系バインダーの品質規格[2]

項目	品質規格（EPN）
密度	1.00 〜 1.30
ポットライフ（可使時間）	10 〜 40 分
半硬化時間	6 時間以内
引張強さ	材齢 3 日：材齢 7 日の 70％以上 材齢 7 日：6.0N/mm^2 以上
伸び率	20％以上
塗膜収縮性	7mm 以下

表 5-6 硬質骨材の品質規格[2]

種類	エメリー	着色磁器質骨材	炭化珪素質骨材	試験法など
粒径サイズ（mm）	3.5 〜 1.5	3.3 〜 2.0 2.0 〜 1.0 1.0 〜 0.5	3.5 〜 2.0 2.0 〜 1.0	試験法など
色相	黒	黄，赤褐色，緑，青，白	黒（光輝性）	
表乾密度	3.10 〜 3.50	2.25 〜 2.70	3.0 〜 3.3	JIS A 1109
吸水率（％）	2.0 以下	2.0 以下	2.0 以下	JIS A 1110
すりへり減量（％）	15 以下	20 以下	測定不能	JIS A 1121
粒度	規定の粒径範囲の上限を超えるものが 5％以内，下限を下回るものが 10％以内			JIS A 1102

【施工方法】

(1) 準備工
   ① 小さなポットホールは穴埋めし，破損の著しい箇所は打ち換える。
   ② 縁石，マンホール，ガードレールなどの構造物に樹脂材料が付着しないように保護を行う。
   ③ 舗装の表面を清掃し，必要に応じてプライマー処理を行う。

(2) 樹脂材料の散布（塗布）
   樹脂材料の施工においては2液自動計量混合式エアレススプレーにより散布する方法と，樹脂をゴムレーキまたはハンドローラによって均一に塗り延ばして塗布する方法がある。骨材を完全に固着させて耐久性を維持するためには，粒径の1/2〜1/3が樹脂の中に沈む程度の散布量とする。

(3) 骨材の散布
   所定の単位面積当りの骨材を均一に散布する。

(4) 養生
   骨材散布後の養生は原則として自然養生とする。養生後，樹脂に固着されない余剰骨材を掃除機または手作業により回収・除去する。

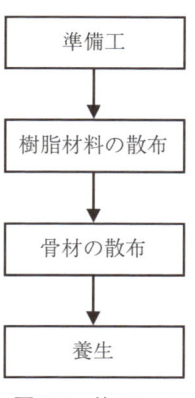

図 5-9 施工フロー

写真 5-15 樹脂材料の塗付　　　写真 5-16 骨材の散布

【留意事項】

① アスファルト舗装舗設直後では，表層に軽質油成分が残存し，路面との接着が阻害される場合がある。そのため，舗設後3週間以上の交通開放期間を経て，軽質油成分などが消滅してから施工することが望ましい。
② 表層が十分に乾燥していることを確認する。特に，前日に降雨があった場合には留意する。
③ ゴミ，泥などについては清掃を行い，油分は洗剤洗浄を行う。

5.4 その他の工法

5.4.1 切削工法

【概要】

切削工法は，舗装表面に不陸や段差が生じた場合などに，その凸部を機械で削り取り路面形状を回復する工法である。切削路面は粗面となるので，すべり抵抗性の回復に用いられることもある。また，表面処理やオーバーレイの事前処理として行われることも多い。

写真 5-17 切削工法

【施工方法】

(1) 準備工

路面切削に先立ち，切削発生材を詰まらせることのないように排水桝等の保護を行う。

(2) 切削

路面切削機により，不陸の凸部を所要の厚さで削り取る。切削は，施工中の発生材粉塵を抑制するために十分に散水しながら行い，また，マンホール等構造物がある場合は，それらを破損しないように注意して行う。

(3) 発生材積込み

発生材積込み機（あるいは切削機に装着の発生材積込み装置）により，切削で発生する舗装発生材をダンプトラックに積込み，所定の場所に搬出する。

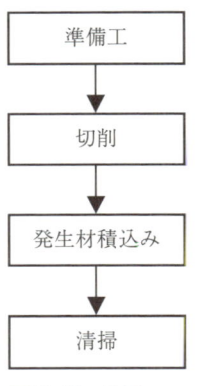

図 5-10 施工フロー

写真 5-18 路面切削機による切削状況

写真 5-19 発生材の積込み状況

(4) 清掃

粉塵を発生させないように散水しながら，路面清掃車により十分に清掃する。切削路面で交通開放するために，交通安全および周辺環境への配慮から，切削溝の発生材屑の取り残しなどのないように留意する。

写真 5-20 路面の清掃状況

【留意事項】

① 本工法は応急的な処置であるため，流動わだち掘れやコルゲーションなどアスファルト混合物層に原因がある路面では切削を行っても早期に凹凸が再発するおそれがある。特に短期間に進行した凹凸の切削は再発の可能性が高いので，切削オーバーレイや打換えなど凹凸の原因となった層を撤去する工法を選択する方が良い。

② 切削路面での交通開放は車両の走行による騒音が大きくなることから，騒音が問題となる市街地等では適用しない方が良い。

③ 舗装の劣化が進行した路面に切削を行うと，粗面になった舗装表面に雨水が帯水し，浸水による剥離破損が促進するおそれがある。

④ 近年，切削ドラムのビットのピッチを非常に狭くした切削機が開発され，切削時の騒音低減と通常の切削よりきめ細かな路面の仕上がりが可能になった（TSファイン・ミリング工法）。

5.4.2 グルービング工法

【概要】

グルービング工法は，舗装表面に一定形状の浅い溝を等間隔に切り，すべり抵抗性の向上を図る工法である。降雨時の路面排水性が良くなるので，特に湿潤状態における路面摩擦係数の増大が期待できる。その他，振動や走行音の変化による注意喚起や視線誘導効果および凍結抑制にも採用されている。溝切りには，多数のダイヤモンドカッタを装備した専用の機械が用いられる。なお，アスファルト舗装の場合，一般的に混合物の流動により溝がつぶれやすく，その効果の持続性が課題とされている。

写真 5-21 グルービング工法

写真 5-22　グルービング工法の路面状況

【施工方法】
(1) 溝切り
　グルービングマシンをセットし，冷却水を送りながら所定の形状・間隔で溝を切る。
(2) 切削スラリーの回収
　溝切り作業に続けて，切削泥水と作業用冷却水をバキューム装置で吸い上げ，集水装置で回収し産業廃棄物として処理する。
(3) 清掃
　作業終了後，バキューム装置で吸引しきれなかった泥水が残る場合は，散水車からの新たな散水により水洗いし，清掃水をバキューム装置により回収する。

図 5-11　施工フロー

【留意事項】
① 施工直後の舗装路面にグルービングを行うと角かけや流動により早期に溝がつぶれる場合があり，舗設から一定の期間交通開放した路面にグルービングを施工する方がよい。
② グルービングの効果の持続性は主に表層のアスファルト混合物の塑性変形抵抗性および摩耗抵抗性に影響するため，新設の路面に適用する場合には，ポリマー改質アスファルトを用いた混合物を選定するとよい。
③ 路面排水を促進する場合，溝切りの方向は路面の合成勾配を考慮して最も有効な方向で施工するとよい。

5.4.3　フラッシュ対策工法
【概要】
　フラッシュ対策工法は，一般的にフラッシュを生じている路面にプレコート砕石や乾燥砂を散布し，これを鉄輪ローラにより転圧・圧入し，すべり抵抗性および塑性変形抵抗性の回復を図る工法である。また，極めて応急的な方法としては，乾燥した粗目砂を路面に散布し，フラッシュしているアスファルト分を吸収させて安定させることもある。

【使用材料】
　フラッシュ対策で散布する材料には，一般には単粒度砕石（S-13 または S-5）を少量のアスファルトでプレコートしたものを使用する。また，過剰なアスファルトを極めて応急的に吸収安定させる場合には，乾燥した粗目砂や人工骨材を使用する。

【施工方法】
(1) 骨材散布
　フラッシュが生じている路面にプレコート砕石や乾燥した粗目砂等を人力もしくは散布機で散布する。なお，散布した骨材を的確にアスファルト混合物に圧入するため，熊手や竹ほうき等で骨材が重ならないようにする。

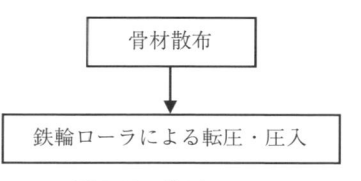

(2) 鉄輪ローラによる転圧・圧入
　散布したプレコート砕石や粗目砂等を路面に定着させるため，骨材が圧入されるまで鉄輪ローラで転圧を行う。転圧後は竹ほうき等で浮石を除去する。

【留意事項】
① フラッシュしている面積が広範囲な場合は，著しい塑性変形抵抗性の低下が考えられるため，原因となった混合物は打ち換えることが望ましい。
② 粒径が大きい骨材を圧入する場合，転圧時に骨材が割れないよう路面をバーナー等で加熱することが望ましい。

図 5-12　施工フロー

5.4.4　わだち部オーバーレイ工法

【概要】
　わだち部オーバーレイ工法は，路面のわだち掘れ部分だけをオーバーレイする工法で，レール引き工法とも呼ばれる。主に積雪寒冷地域の摩耗わだちに対して行う工法であり，流動わだちには適さない。オーバーレイの事前処理のレベリング工として行われることも多い。

【使用材料】
　オーバーレイに使用する材料は，積雪寒冷地域ではフィラーの多いF付きの加熱アスファルト混合物（密粒度アスファルト混合物（13F）や細粒度ギャップアスファルト混合物（13F）等），一般地域では加熱アスファルト混合物（密粒度アスファルト混合物（13）や細粒度アスファルト混合物（13）等）が一般的に用いられている。そして，摩耗抵抗性の向上にはポリマー改質アスファルトを用いた混合物や砕石マスチックアスファルト（SMA）混合物などの使用が効果的である。また，わだち部のオーバーレイは施工厚さが均一でなく極めて薄い部分もあることから，タックコートには接着力に優れるゴム入りアスファルト乳剤（PKR-T）を使用することが望ましい。

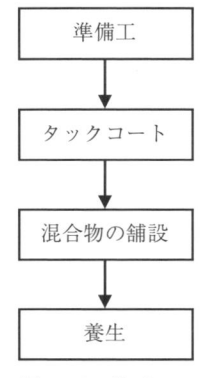

写真 5-23　わだち部オーバーレイ工法

【施工方法】
(1) 準備工
　路面を路面清掃車あるいは人力できれいに清掃し，わだち掘れを中心とした施工箇所のゴミや泥などを取り除いておく。

図 5-13　施工フロー

(2) タックコート

オーバーレイを行わない部分にはアスファルト乳剤が付着しないように，路面の保護処置などを行い，エンジンスプレーヤ等でアスファルト乳剤を均等に散布し養生する。

(3) 混合物の舗設

アスファルトフィニッシャなどにより加熱混合物を敷きならし，鉄輪ローラ，タイヤローラ等で締め固める。施工厚さが薄く敷きならし後の混合物温度の低下が早いため，加熱混合物の製造温度は通常より高めとし，混合物の敷きならし後できるだけ早く転圧を行うようにする。

(4) 養 生

舗設終了後舗装表面の温度がおおむね50℃以下となるまで養生を行い，交通開放する。

【留意事項】

混合物には最大粒径が5mm程度の小粒径混合物を使用し，舗装端部には供用後の剥脱を防止するためにアスファルト乳剤を塗布する（砂散布）等の対策を行うことが望ましい。

5.4.5 線状打換え工法

【概要】

線状打換え工法は，線状に発生したひび割れに沿って舗装を打ち換える工法である。一般には，瀝青安定処理層も含めたアスファルト混合物層のみに適用する。

【使用材料】

線状打換え工法では，表層，基層および瀝青安定処理層に一般の加熱アスファルト混合物を使用するが，特に耐久性が求められる場合には，表層に改質アスファルト混合物を用いることもある。

写真 5-24 線状打換え工法

【施工方法】

(1) 舗装の線状切取り

線状に発生したひび割れを含む不良部分を切り取る。切取りは，施工量に応じて，ひび割れに沿ってカッタを入れブレーカやバックホウを用いてはぎ取るか，路面切削機により行う。

(2) タックコート

切り取り箇所はコンプレッサなどを用いて清掃し，エンジンスプレーヤ等でアスファルト乳剤を均等に散布して養生する。その際，既設アスファルト混合物層の切断面も，ブラシなどでアスファルト乳剤を十分に塗布する。

(3) 混合物の舗設

アスファルトフィニッシャあるいは人力作業により加熱混合物を敷きならし，小型振動ローラ，タイヤローラなどにより締め固める。継目部は締固めが不十分になりがちで弱点となりやすいので，特に入念に締め固めなければならない。

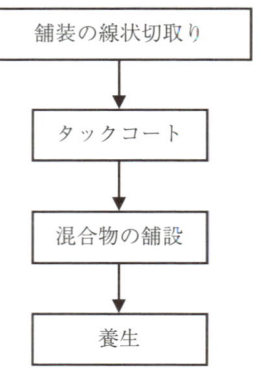

図 5-14 施工フロー

(4) 養生

舗設後舗装表面の温度がおおむね50℃以下となるまで養生を行い，交通開放する。

【留意事項】

線状打換え舗装と既設舗装の打ち継ぎ面は舗装構造上の弱点となりやすいため，必要に応じて縁が切れないよう接着力に優れたゴム入りアスファルト乳剤を使用する。

写真 5-25　混合物の舗設状況

5.4.6　空隙づまり洗浄（エアタイプ）

【概要】

空隙づまり洗浄（エアタイプ）とは，排水性機能維持機械を用いてポーラスアスファルト舗装の空隙に詰まった土砂や塵埃をブロアによって除去し，低下した透水機能や騒音低減機能を回復させる工法である。

高圧水等を使用しないため，低廉で迅速な施工を可能としている。

写真 5-26　排水性機能維持機械による洗浄作業 　　　写真 5-27　排水性機能維持機械

【施工方法】

(1) 準備工

事前に現場透水試験を行い，路面の空隙づまり状況を確認する。

(2) 排水性機能維持機械による洗浄作業

ブロアによって空気を循環させながら設定した速度で排水性機能維持機械を走行させ機能回復作業を行う。

図 5-15　施工フロー

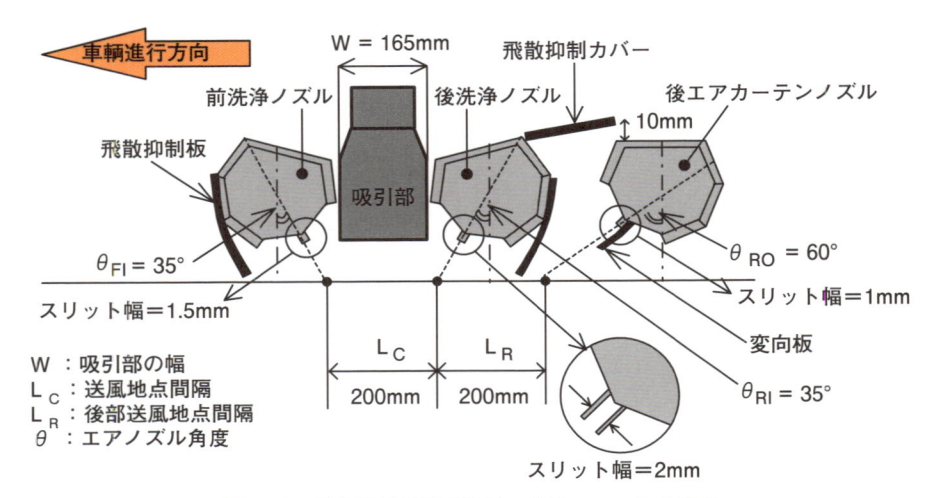

図 5-16 排水性機能維持機械の洗浄ユニットの構成

(3) 土砂等の排出

空気と共に吸引して回収した土砂やゴミ等は濾過されて回収タンクに蓄積する。これらを排出し産業廃棄物として処理する。

【留意事項】

① 空隙づまり洗浄は，著しい機能低下が起こる前に実施することが効果的である。
② 空隙づまりによる排水機能低下を回復させる効果はあるが，空隙つぶれには効果がない。
③ 空隙づまりが顕著な場合は，高圧水を利用した路面洗浄車の適用を検討する。

5.4.7 空隙づまり洗浄（高圧水タイプ）

【概要】

空隙づまり洗浄（高圧水タイプ）とは，機能回復装置（路面洗浄車）を用いて，ポーラスアスファルト舗装の空隙につまった土砂や塵埃を，路面に高圧水を吹き付けて除去するとともに，発生する汚泥水をバキュームにより吸引回収して土砂や塵埃を除去することで，低下した透水機能や騒音低減機能を回復させる工法である。

【施工方法】

写真 5-28 路面洗浄車による空隙づまり洗浄

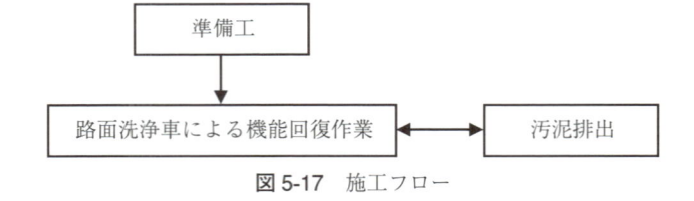

図 5-17 施工フロー

写真 5-29　現場透水試験　　　　　写真 5-30　機能回復作業状況

(1)施工前　　　　　　　　　　　(2)施工後
写真 5-31　機能回復を行った排水性舗装の路面状況

(1) 準備工
事前に現場透水試験を行い，路面の空隙づまり状況を確認する。
(2) 路面洗浄車による機能回復作業
高圧水の吐出圧力を所定の値にセットし，設定した速度で路面洗浄車を走行させ機能回復作業を行う。
(3) 汚泥排出
吸引した汚泥水を沈殿濾過して蓄積される汚泥は，必要に応じて回収し産業廃棄物として処理する。

写真 5-32　参考：キャビテーション機能のある機種

【留意事項】
① 空隙づまり洗浄は，著しい機能低下が起こる前に実施するのが効果的である。
② 空隙づまりによる排水機能低下を回復させる効果はあるが，空隙つぶれには効果がない。

5.4.8　ブリスタリング対策

防水材の施工直後にブリスタリングが発生した場合，直径10cm程度以下であれば，特に処置は不要であるが，それ以上の大きな膨れは，孔を開けて排気，圧着し，バーナで炙

写真 5-33　ブリスタリング処置の例（膨れ箇所の孔開け）

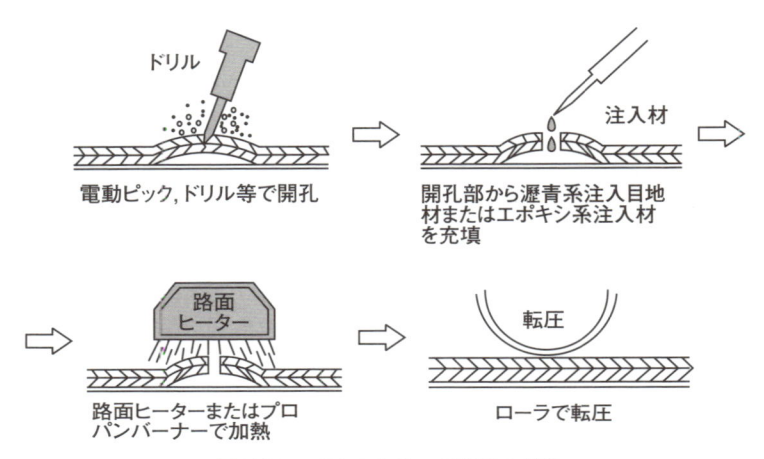

図 5-18　ブリスタリング処置の例[3]

り溶着する。

　アスファルト混合物の舗設中にブリスタリングが発生した場合には，千枚通しや釘などで中の空気を排気しながら木ゴテなどでたたいて密着させる。舗設後にブリスタリングが発生した場合，床版を傷つけないように，舗装の上面からドリル等で孔を開け内部の空気の逃げ道をつくり，ドリル孔を注入材で充填し水の浸入を防ぐようにする。その後，ブリスタリングを生じた部分の舗装を十分に温め，ゆっくり転圧しながら膨れた部分を押し戻し平たんにする。ブリスタリングの数が多く密集している箇所では，ブリスタリングごとに対処するのではなく局部的に舗装の打換えを行うとよい。

第5章　参考文献
1) 日本アスファルト乳剤協会：アスファルト乳剤の基礎と応用技術
2) 樹脂系舗装技術協会：樹脂系すべり止め舗装要領書－2004年度版－
3) 多田宏行：橋面舗装の設計と施工，鹿島出版会，p.138，1996年3月

第6章　補修方法の種類Ⅱ：修繕工法

　修繕工法は，舗装の破損が著しく，構造的，機能的に良好な路面を維持することが困難になった場合に，その舗装を抜本的な対策をもって適切な舗装に補修するものである。
　アスファルト舗装の修繕工法には，オーバーレイ工法，切削オーバーレイ工法，打換え工法，路上表層再生工法等の方法があるが，いずれも維持工法に比べ高価である。舗装の破損には様々なタイプと原因が考えられるので，修繕工法を採用する場合には各種の調査結果などの資料に基づき検討するとともに，破損の面的な規模，修繕の時期，交通条件，沿道条件（沿道環境，作業環境など），さらに舗装発生材の有効利用などを慎重に検討する必要がある。

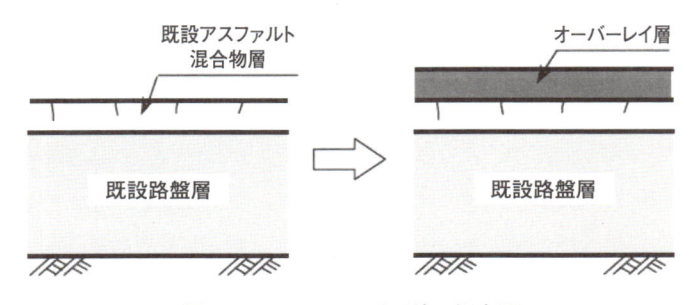

6.1　オーバーレイ工法

【概要】
　オーバーレイ工法は，既設の舗装上にアスファルト混合物の層を重ねる工法で，舗装の破損が進行し，近い将来全面に及ぶことが予想される場合や交通量の増加により舗装構造が不十分な場合に適用される。この工法は，以下の特徴がある。
　① 舗装の支持力の増加
　② 破損した舗装の支持力の回復
　③ 路面の平たん性やすべり抵抗性等の機能回復
　④ 新たな機能の付加

写真 6-1　オーバーレイ工法

　この工法の舗装厚は一般的に3～5cmであり，舗装厚3cm未満の薄層オーバーレイや舗装厚1.5～2.5cmのカーペットコート（表面処理工法）と区別される。薄層オーバーレイ工法は，舗装構造の強化を期待せず，路面の不陸やわだち掘れを簡便に解消する工法である。

図 6-1　オーバーレイ工法の概念図

オーバーレイ工法の厚さの設計は，「道路維持修繕要綱」に示すCBRによる方法とたわみによる方法がある。舗装厚を厚くすることで，等値換算係数を増加することができる簡易な舗装構造強化工法である。しかし，採用にあたっては，路面高さが高くなること，破損の原因を根本的に除去していないことなどに留意しておく必要がある。

【使用材料】

オーバーレイ工法は，ストレートアスファルトを用いた混合物を使うことが多いが，大型車の増加に伴う流動や寒冷地でのタイヤチェーンによる摩耗等に対して適用する混合物は耐久性のあるものでなければならず，要求目的に見合った材料を選定することが重要である。

選定にあたっては，**表 6-1** を参考にするとよい。

表 6-1 選定の主目的と材料・工法

区分	塑性変形抵抗性（耐流動性）	摩耗抵抗性（耐摩耗性）	すべり抵抗性	材料の簡単な説明	備考
改質アスファルト舗装	○	○		舗装の耐久性の向上を目的として，舗装用石油アスファルトの性質を改善した改質アスファルトを用いた舗装。	
排水性舗装（低騒音舗装）			○	車道路面より雨水をすみやかに排水することを目的に，空隙率の大きな開粒度のアスファルト混合物を表層または表・基層に設け，路盤以下に水が浸透しない構造とした舗装。	騒音の低減，特に雨天時の走行安全性が求められる場合に使用される。
砕石マスチックアスファルト舗装（SMA）	○	○	○	粗骨材とフィラーの多い特殊なギャップ粒度と改質材としての植物繊維添加を特徴とするアスファルト混合物を用いた舗装。	水密性を高くすることができる。
半たわみ性舗装	○	○		半たわみ性舗装用アスファルト混合物の空隙に浸透用セメントミルクを注入することによって，アスファルト舗装のたわみ性とコンクリート舗装の剛性を複合的に活用した舗装。	
大粒径アスファルト舗装	○	○	○	骨材の最大粒径が25mm以上の混合物で，骨材のかみ合わせ効果により耐流動性，耐摩耗性が優れた混合物を用いた舗装。	
熱硬化性アスファルト舗装	○	○		石油アスファルトをエポキシ樹脂などの熱硬化性樹脂で変性したエポキシアスファルトをバインダとして使用した混合物を用いた舗装。	
ロールドアスファルト舗装		○	○	ロールドアスファルト混合物を敷きならし転圧後，プレコートした骨材を散布し，その上からローラで圧入することで，すべり抵抗性，耐久性，美観性に優れた舗装。	

〔注〕それぞれの詳しい内容については，「舗装施工便覧」を参照する。

【施工方法】

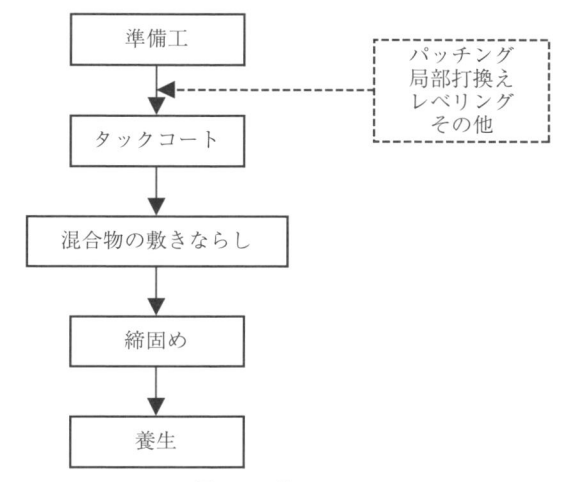

```
準備工 ←---- パッチング
  ↓          局部打換え
タックコート    レベリング
  ↓          その他
混合物の敷きならし
  ↓
締固め
  ↓
養生
```

図6-2 施工フロー

(1) 準備工
　① オーバーレイを行う前に既設舗装の破損箇所や不陸は，その状況に応じてパッチング，レベリング，局部打換え等を行う。
　② オーバーレイの施工にあたっては路面をきれいに清掃して，ゴミ，泥などを取り除いた後，タックコートを行う。

(2) タックコート
　① デストリビュータ等でアスファルト乳剤を所定量均一に散布し養生する。
　② 縁端部がすりつけ処理となる場合には，供用後の剥離・飛散を防止するためにタックコートを十分に施すことが望ましい。
　③ 散布の開始と終了の時点でスプレイノズルから乳剤が漏れることがあるので，あらかじめマットやシートなどで，その部分を覆うとよい。
　④ 付帯構造物に乳剤が付着すると後で清掃しにくいので，構造物に養生用ビニールを巻くか，水でといた石粉を塗布して保護するとよい。
　⑤ アスファルト乳剤等が，既設路面に溜まらないように留意する。

写真6-2 付帯構造物の養生例

(3) 混合物の敷きならし
　① 混合物の敷きならしは，通常アスファルトフィニッシャで行うが，使用できない箇所においては人力によって行う。

写真6-3 混合物の敷きならし・締固め状況

②　混合物は締固め後に所定の厚さが得られるように敷きならす。
③　敷きならし作業中，雨が降り始めた場合には，敷きならし作業を中止するとともに，敷きならした混合物はすみやかに締め固めて仕上げる。

(4) 締固め
①　混合物は，敷きならし終了後，所定の密度が得られるように締め固める。締固め作業は，一般には継目転圧，初転圧，二次転圧および仕上げ転圧の順序で行う。
②　初転圧は，一般に10～12tのロードローラで2回（1往復）程度行う。ヘアクラックの生じない限りできるだけ高い温度で行う（一般には110～140℃である）。ローラへの混合物の付着防止には，少量の水，または軽油などを噴霧器等で薄く塗布するとよい。
③　二次転圧は，一般に8～20tのタイヤローラまたは6～10tの振動ローラで行う。タイヤローラによる混合物の締固めは，交通荷重に似た締固め作用により骨材相互のかみ合わせをよくし，また，深さ方向に均一な密度が得やすく，重交通道路，摩耗を受ける地域，寒冷期の施工などに適している。荷重，振動数および振幅が適切な振動ローラを使用する場合は，タイヤローラを用いるよりも少ない転圧回数で所定の締固め度が得られる。二次転圧の施工温度は一般に70～90℃である。
④　仕上げ転圧は，不陸の修正やローラマークの消去のために行うものであり，タイヤローラあるいはロードローラで2回（1往復）程度行うとよい。二次転圧に振動ローラを用いた場合には，仕上げ転圧にタイヤローラを用いることが望ましい。仕上げた直後の舗装の上に，長時間ローラを停止させないようにする。

(5) 養生
締固め終了後，舗装表面の温度がおおむね50℃以下になるまで養生し，交通開放を行う。

【留意事項】
①　状況に応じて，側溝，街渠，マンホール，ガードレール等の嵩上げが必要になるなど，沿道条件等の制約を受ける。
②　交通開放までの養生時間の短縮が必要な場合は，舗装の冷却や中温化技術等の適用を検討する。
③　リフレクションクラックの発生を抑制させる場合には，応力緩和層としてじょく層工法やシート工法によるリフレクションクラック抑制工法の採用，開粒度アスファルト混合物を基層に適用することを検討する。
④　オーバーレイ工法は，舗装表面から生じる比較的軽微なひび割れに適し，路床・路盤まで破損が及んでいる可能性が高いひび割れが多く発生している場合は，打換え工法が適している。
⑤　薄層オーバーレイの場合，舗装厚が薄く混合物の温度低下が早いので，迅速な施工を行う。

6.2 切削オーバーレイ工法

【概要】

　切削オーバーレイ工法は，既設アスファルト混合物層の一部分を切削した後にオーバーレイを行う工法で，切削した厚さだけ打ち換えればよい場合と，舗装厚の不足分まで厚く舗設する場合とがある。また，舗装の破損の程度により打換え工法と組み合わせて施工することもある。この工法は，路面高さを高くしないで済むこと，高性能な切削機（コールドプレーナ）が普及したことなどにより，最近では最も一般的に施工されている修繕工法である。

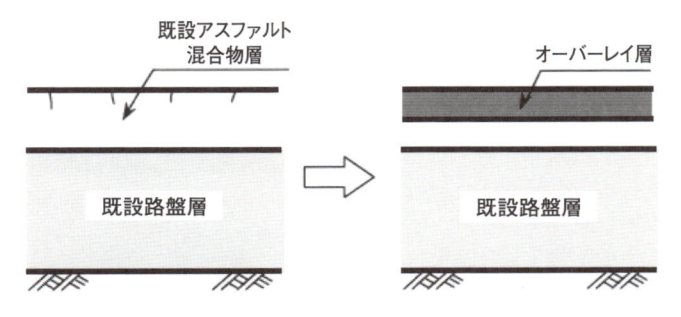

写真 6-4 切削オーバーレイ工法

　切削オーバーレイ工法の場合も，オーバーレイの厚さ設計方法に準じて，切削後に必要な舗装の厚さを決定する。なお，ひび割れが顕著に発生している場合は，詳細に調査し切削深さを決定する。

　切削オーバーレイ工法では，オーバーレイ工法と異なり路面切削機を使用する。路面切削機は走行形態からホイール式とクローラ式とに分けられ，また積込機付き路面切削機が一般的に使われている。

図 6-3 切削オーバーレイ工法の概念図

【使用材料】

　切削オーバーレイ工法で表層に使用するアスファルト混合物は，オーバーレイ工法の場合と同様で，要求性能に見合った材料を選定することが重要である。その選定の主目的と材料は**表 6-1** に示すとおりである。

【施工方法】

(1) 路面切削・発生材積込み

① 既設路面の切削は，一般には路面切削機で行う。

② 施工の起終点や既設舗装の撤去によって周囲部へ影響を及ぼすおそれのある場合には，施工箇所の周囲をコンクリートカッタで切断して縁切りしておくとよい。

③ 切削した路面を暫定的に供用しても特に支障はないが，段差部にはすりつけを施す必要がある。

④ 切削発生材は運搬車に積み込み，所定の場所に搬出する。

```
         ┌─────────────────────┐
         │ 路面切削・発生材積込み │
         └──────────┬──────────┘
                    ▼
              ┌─────────┐
              │  清掃   │ ◄────── ┌─────────────┐
              └────┬────┘ ─ ─ ─ ─ │ 段差すりつけ │
                   ▼              └─────────────┘
           ┌───────────┐
           │ タックコート │
           └─────┬─────┘
                 ▼
        ┌────────────────────┐
        │ 混合物の製造・敷きならし │
        └──────────┬─────────┘
                   ▼
              ┌─────────┐
              │ 締固め  │
              └────┬────┘
                   ▼
              ┌─────────┐
              │  養生   │
              └─────────┘
```

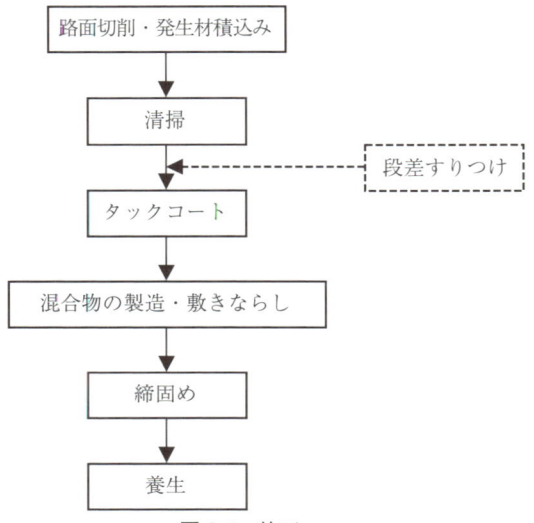

図 6-4 施工フロー

(2) 清掃

切削屑は風などで飛散しないように散水して，きれいに取り除く。特に切削溝の中の切削屑などを取り残さないように注意する。

(3) タックコート
　① オーバーレイ工法に準じて行う。
　② 切削オーバーレイ工法においては，タックコートのアスファルト乳剤などが切削溝に溜まらないように留意する。

(4) 混合物の製造・敷きならし
　オーバーレイ工法に準じて行う。

(5) 締固め
　オーバーレイ工法に準じて行う。

(6) 養生
　オーバーレイ工法に準じて行う。

【留意事項】
　① 施工能率の向上を図るため，使用機械は現場規模・条件に合った路面切削機の機種選定をし，気象条件によっては路面ヒータを併用する。
　② 側溝，街渠，マンホール等の周囲は人力によるはつりとなるため，構造物を傷つけないように注意して行う。また，人力によるはつりは、清掃作業と交錯する作業となるため，安全に留意する。
　③ 一般的にダンプトラックは，切削材運搬後にアスファルト混合物の運搬を行うため，ダンプトラックの台数および切削材から合材運搬への切替えのタイミング等の管理に留意が必要である。

写真 6-5 切削・積込み状況

写真 6-6 清掃状況

6.3 打換え工法

【概要】

打換え工法は，既設の舗装の一部または全部を取り去り，新しく舗装を設ける工法であり，舗装の破損が著しく原因が路床・路盤にまで及んでいる場合や路面の高さが制限されている場合に適用される。本工法を適用する破損の形態として，路床・路盤の支持力低下や沈下などが原因で生じたわだち掘れやひび割れが挙げられる。

打換え深さは，既設舗装の事前調査による破損の程度から求めた残存等値換算厚と現状路床の支持力および設計交通量等の設計条件から決定する。通常は路面から強度が著しく低下している層までとするが，路床の支持力が低下している場合はその一部を良質な材料で置き換えたり安定処理する場合もある。また，以下の条件のときには，フルデプスアスファルト工法を採用することもある。

写真 6-7 打換え工法

① 計画高さに制限がある
② 地下埋設物の埋設位置が浅い
③ 比較的地下水位が高い
④ 施工期間を短縮する必要がある

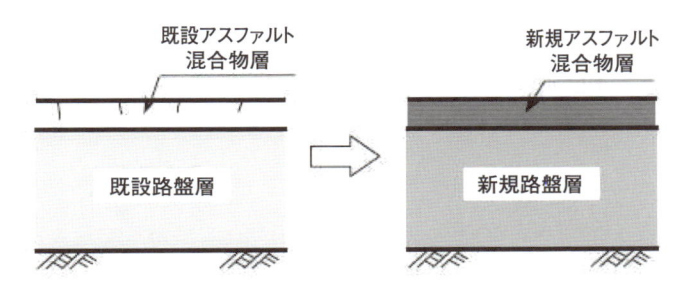

図 6-5 打換え工法の概念図

フルデプスアスファルト工法は，路床上のすべての層に加熱アスファルト混合物および瀝青安定処理路盤を用いた工法であり，舗装体の総厚を薄くできること，およびシックリフト工法との併用で工期短縮が図れる特徴を持っている。シックリフト工法は1回の敷きならし厚を通常の場合より厚く，仕上がり厚で10cm以上とする施工方法で，層厚が厚いため混合物層の温度低下が少なく，締固め効果が大きい。反面，十分舗装温度が低下しないうちに交通開放すると初期にわだち掘れ等の破損が生じることがあるので注意を要する。

【使用材料】

本工法で用いる表層の材料は，オーバーレイ工法，切削オーバーレイ工法と同様であり，要求性能に見合った材料を選定することが重要である。その選定の主目的と材料については，**表 6-1** に示すとおりである。基層の材料としては，より耐久性が求められる場合に，改質アスファルト混合物，大粒径アスファルト混合物や半たわみ性舗装等が用いられる。路盤の材料には，通常の粒状砕石，あるいは瀝青安定処理混合物が用いられる。

【施工方法】
(1) 準備工
　打換え対象の箇所（起点，終点，縦継ぎ目部等）を明示する。
(2) 既設舗装の取壊し，運搬
　① 打換え箇所の縁部を所定の深さまでカッタで切断する。
　② コンクリート圧砕機で既設アスファルトコンクリート版を引き起こして小割りする。
　③ バックホウで小割りした版をダンプトラックに積み込み，指定された場所に運搬する。
　④ 路床は慎重に施工し，できる限り平らに仕上げる。やむを得ず転石等で深掘りした場合には，路盤材で埋め戻し，十分に締め固める。
(3) 下層路盤工（粒状路盤工）
　① 掘削面をブルドーザ，グレーダ等で路床の仕上がり高さを確認しながら不陸整正する。
　② ダンプトラックで搬入された路盤材をブルドーザで敷きならし，ロードローラやタイヤローラで転圧する。端部は人力にて整正し，ランマ等で入念に締め固める。

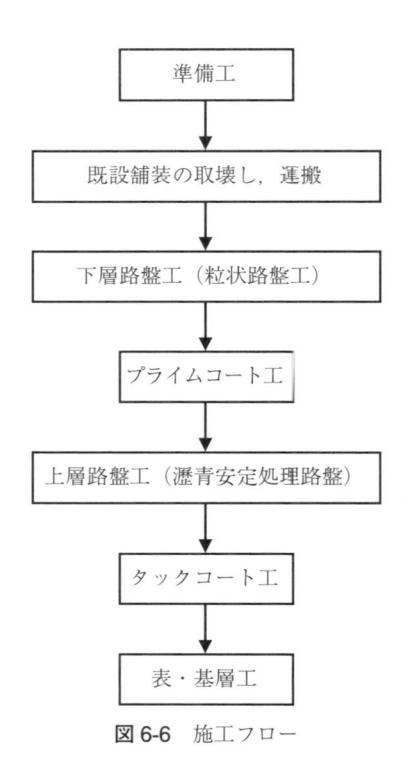

図 6-6　施工フロー

(4) プライムコート工
　エンジンスプレーヤでアスファルト乳剤を所定量均一に散布し養生する。散布の際には乳剤の飛散を防止するためにコンパネ等でガードする。
(5) 上層路盤工（瀝青安定処理路盤）
　オーバーレイ工法の舗装に関する施工方法に準じる。
(6) タックコート工
　ディストリビュータでアスファルト乳剤を所定量均一に散布し養生する。散布の際には乳剤の飛散を防止するためにコンパネ等で養生する。
(7) 表・基層工
　① 基層の施工は，オーバーレイ工法の施工方法に準じる。
　② 基層工完了後は，トラフィックペイント等で区画線を設置する。
　③ 舗装表面温度が50℃程度まで下がった時点で交通開放する。
　④ 対象としている全区間の打換えが終了した後にタックコート工と表層工の作業を行う。作業内容は，オーバーレイ工法の施工方法に準じる。
　⑤ 表層工施工当日は仮区画線を設置して，舗装表面温度が50℃程度まで下がった時点で交通開放する。その後，別工程で専用機械による路面標示工を行う。

【留意事項】
　① 本工法は，既設舗装版の取壊しから，路床・路盤およびアスファルト舗装までの作業を1日で行わなければならない場合が多いので，1日当りの施工面積は少ない。また，狭い施工範囲に多くの施工機械を必要とするため安全性に留意する必要がある。
　② 掘削箇所は，地下埋設物占有者の立会いを求め，あらかじめ試験堀りを行うなどして位置や深さを確認することが望ましい。

③ ある程度大きな規模で既設舗装を撤去する場合には，路面切削機を利用するとよい。
④ 路床はできるだけ平らに掘削するように慎重に施工し，やむなく転石等で深掘りした場合には，路盤材で埋め戻しておくとよい。
⑤ 施工に際しては下層の不陸を修正し，特に下層が粒状路盤や路床の場合にはゆるんだ箇所を十分締め固めるとよい。

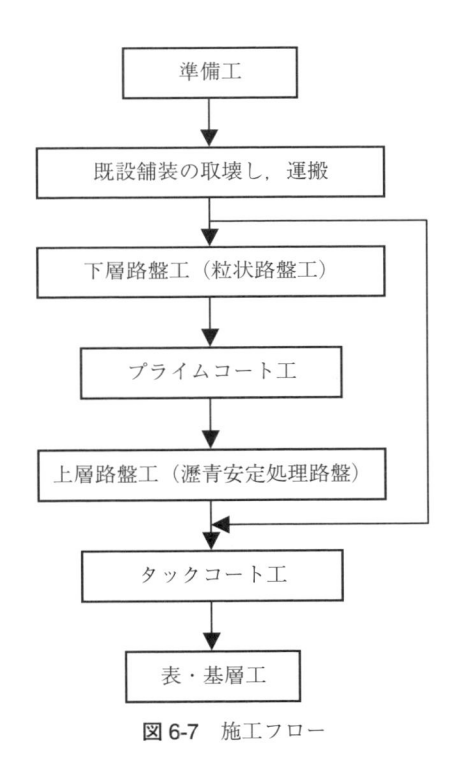

6.4 局部打換え工法

【概要】
　局部打換え工法は，既設舗装のひび割れなどの破損が局部的に著しく，事前調査等でその箇所が構造的破損であると判断された場合，表層・基層あるいは路盤から局部的に打ち換える工法である。通常，オーバーレイ工法あるいは切削オーバーレイ工法を行う際に，局部的に破損の程度が著しい箇所に併用することが多い。

【使用材料】
　本工法の場合は，表層・基層・路盤材料など，要求性能に見合った材料を選定する。

【施工方法】
(1) 準備工
　打換え対象の箇所（起点，終点，縦継ぎ目部等）を明示する。
(2) 既設舗装の取壊し，運搬
　① 打換え箇所の縁部を所定の深さまでカッタで切断する。
　② ブレーカ，コンクリート圧砕機で既設アスファルトコンクリート版を引き起こして，小割りにする。バックホウで小割りした版をダンプトラックに積み込み，指定された場所に運搬する。
　③ 既設路盤材はバックホウ等で掘り返し，ダンプトラックに積み込み，指定された場所に運搬する。
(3) 下層路盤工
　① 掘削面を人力かバックホウ等で路床の仕上がり高さを確認しながら不陸整正する。
　② ダンプトラックで搬入された路盤材を人力かバックホウ等で敷きならし，ランマ，プレート等で入念に締め固める。

図 6-7　施工フロー

(4) プライムコート工
　エンジンスプレーヤでアスファルト乳剤を所定の散布量だけ散布し，養生する。散布の際には乳剤の飛散を防止するためにコンパネ等でガードする。

写真 6-8 局部打換え工法

(5) 上層路盤工（瀝青安定処理路盤）

　人力で混合物を敷きならし，ランマ，プレート等で入念に締め固めて上層路盤を築造する。

(6) タックコート工

　エンジンスプレーヤでアスファルト乳剤を所定の散布量だけ散布し，養生する。散布の際には乳剤の飛散を防止するためにコンパネ等でガードする。

(7) 表・基層工

① 人力で混合物を敷きならし，ランマ，プレート等で入念に締め固めて基層を築造する。
② (6)に準じてタックコートを施す。
③ 人力で混合物を敷きならし，ランマ，プレート等で入念に締め固めて表層を築造する。
④ 舗装表面温度が50℃程度まで下がった時点で交通開放する。
⑤ ラインマーカで区画線を設置する。

【留意事項】

① 局部打換え工法は，交通開放後に沈下を生じやすいため，施工に際しては入念に締め固める必要がある。
② 特に縁端部の沈下が起こりやすいので，必要に応じて表層の仕上がり面を既設の舗装より0.5cm程度高くなるようにしておくとよい。
③ 2層以上の施工を行う際には，施工目地の重複を避けるとともに締固めを行いやすくするため上の層ほど広く撤去するとよい（図6-8参照）。

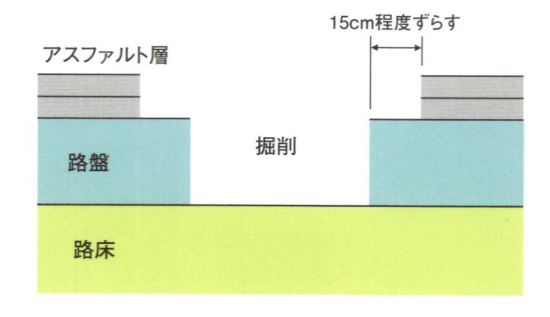

図 6-8 局部打換えの掘削断面例

6.5 路上表層再生工法

【概要】

路上表層再生工法は，破損の生じた既設アスファルト表層を原位置で加熱・再生する工法である。この工法にはリペーブ方式とリミックス方式があるが，それらの目的と特徴を表 6-2 に示す。

路上表層再生工法は，
① 1工程，ワンパスで施工が完了する
② 舗装発生材を出さない
③ 直接工事費が安い
④ 工法としてのトータルエネルギー消費量が少ない

などの利点があり合理的な工法である。

しかしながら，
① オーバーレイ工法に比べ事前調査や設計方法が煩雑である
② 施工可能な場所の制約が多く表層のみの破損にしか対応できない
③ 破損路面の状態，特に流動路面に対しての信頼感が低い
④ 専用機械を用いた機械化施工となるので小規模工事には適用できない

など欠点も指摘されており，採用にあたっては十分な検討が必要である。

写真 6-9 路上表層再生工法

表 6-2 路上表層再生工法の分類

タイプ	目的	特徴
リペーブ方式	既設表層混合物の品質を特に改善する必要のない場合や，品質の軽微な改善で十分な場合などに用いる。	表層に変形を生じているが，その材料が再生利用の可能なもので，混合物を整正し，補足材（新材）を上層に用いて施工する。
リミックス方式	既設表層混合物の粒度やアスファルト量，旧アスファルトの針入度等を調整し総合的に品質改善する場合などに用いる。	劣化した表層を，再生用添加剤および新材を加えることにより改質して再生するもので，全層が均一な層として施工される。

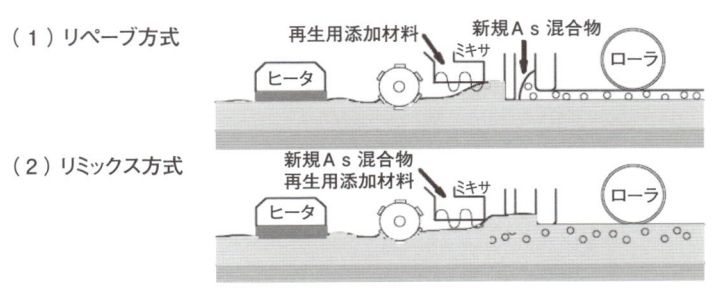

（1）リペーブ方式

（2）リミックス方式

図 6-9 リペーブ方式とリミックス方式の概念図

【使用材料】

路上表層再生工法に使用する材料には，既設表層混合物，新規アスファルト混合物および再生用添加材料がある。既設表層混合物以外の材料の使用目的を**表6-3**に示す。

表6-3 材料の使用目的[1]

新規アスファルト混合物	再生層の上部被覆（リペーブ方式の場合） 既設表層混合物の品質改善（リミックス方式の場合）
再生用添加剤	旧アスファルトの品質改善

リペーブ方式に用いる新規アスファルト混合物は，再生層の上部被覆として用いるもので，その配合，品質は通常の表層混合物の規格を満足するものとする。ただし，新規アスファルト混合物の選定は，一般的には既設混合物と同様とするが，さらに耐久性の向上や機能性の付加を目的として，改質アスファルト混合物を使用する場合もある。

リミックス方式に用いる新規アスファルト混合物は，舗装厚増加のほか，既設表層混合物の粒度やアスファルト量の改善，旧アスファルト針入度の調整などの品質改善を目的として使用するため，既設表層混合物との配合比率や再生後の目標粒度，目標アスファルト量などを勘案して決定する。

再生用添加剤にはエマルジョン系のものとオイル系のものとがある。再生用添加剤の品質を**表6-4**に示す。ただし，再生用添加剤は，労働安全衛生法施行令に規定される特定化学物質を含むものであってはならない。

表6-4 再生用添加剤の品質[1]

		項目	単位	規格値	試験方法
エマルジョン系		密度（15℃）	g/cm³	報告	JIS K 2249
		粘度（25℃）	SFS	15〜85	舗装試験法便覧参照
		蒸発残留分	%	60以上	〃
	蒸発残留分	密度（15℃）	g/cm³	報告	JIS K 2249
		引火点（COC）	℃	200以上	舗装試験法便覧参照
		粘度（60℃）	cSt	50〜300	〃
		薄膜加熱後の粘度比（60℃）		2以下	〃
		薄膜加熱質量変化率	%	6.0以下	〃
		組成分析		報告	石油学会規格
オイル系		密度（15℃）	g/cm³	報告	JIS K 2249
		引火点（COC）	℃	200以上	舗装試験法便覧参照
		粘度（60℃）	cSt	50〜300	〃
		薄膜加熱後の粘度比（60℃）		2以下	〃
		薄膜加熱質量変化率	%	6.0以下	〃
		組成分析		報告	石油学会規格

【施工方法】

```
                                    準備工
                                      ↓
<リペーブ方式>                   既設表層の加熱                    <リミックス方式>

再生用添加材料の供給                                           新規アスファルト混合物
                                                              および再生用添加材料の供給
         ↓                           ↓                                ↓
   既設表層混合物のかきほ        既設表層混合物のかきほ
   ぐし，再生用添加材料と        ぐし，新規アスファルト
   の混合                      混合物および再生用添加
                              材料との混合

新規アスファルト混合物の    再生表層混合物の              再生表層混合物の
の供給                      敷きならし                    敷きならし
         ↓                     
   新規アスファルト混合物の
   敷きならし
                                    ↓
                                    転圧
                                    ↓
                                  交通開放
```

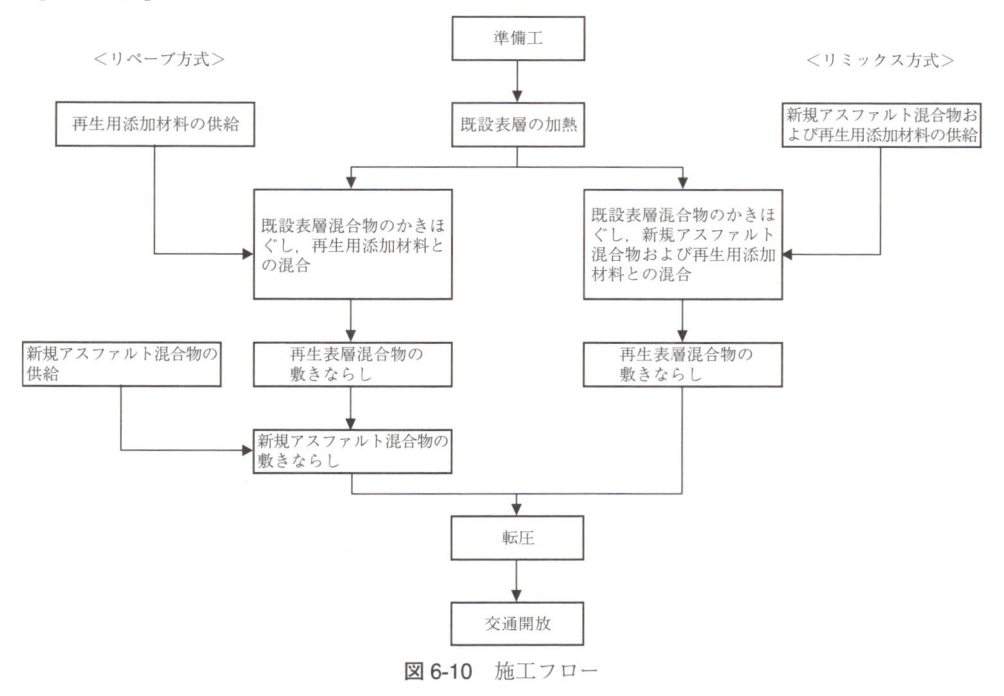

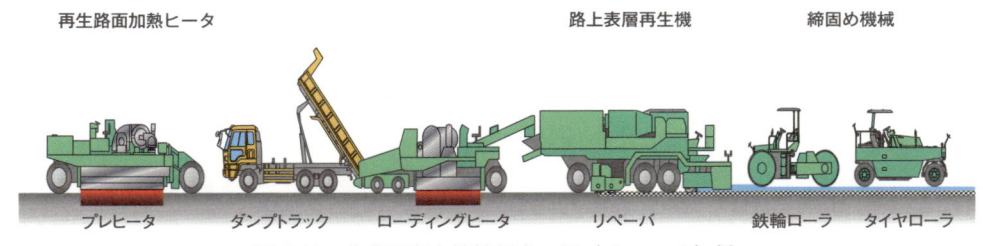

図 6-10 施工フロー

再生路面加熱ヒータ　　　　　　　　　　路上表層再生機　　　締固め機械

プレヒータ　ダンプトラック　ローディングヒータ　リペーバ　鉄輪ローラ　タイヤローラ

図 6-11 作業工程と機械編成の例（リペーブ方式）

(1) 準備工
  ① 局部的な不良箇所があれば打換えを行い，またわだち掘れが大きい場合は路面切削機等で凸部を除去する。
  ② L型側溝等の路側構造物，マンホールやハンドホール等の周囲部は既設表層を除去する。
  ③ レーンマークを除去する。
  ④ 隣接して植樹帯があればシート等で遮熱保護する。
  ⑤ 路面を清掃する。

写真 6-10 機械編成の例

(2) 既設表層の加熱
① 再生表層混合物の初期転圧温度が目標温度以上となるように十分加熱する。ただし，著しい発煙があってはならない。
② 加熱ムラは，出来形および品質に大きな影響を及ぼしやすいので，定速による連続施工を心がける。
③ 両端部は風などの影響を受けやすいので，防風板の取り付けや，加熱強さを大きくする等の対策をとることが望ましい。

(3) かきほぐし・混合
① リペーブ方式の場合は，既設表層の加熱後，必要により再生添加剤を散布し，路上表層再生機（リペーバ）により，所定の幅，深さでかきほぐし，攪拌する。
② リミックス方式の場合は，既設表層の加熱後，必要により再生添加剤を散布し，路上表層再生機（リミキサ）により，所定の幅，深さでかきほぐし，混合装置の前部に集積する。集積された既設表層混合物を混合装置に導入し，別途供給した新規アスファルト混合物とともに均一に混合する。

(4) 敷きならし
① リペーブ方式の場合は，かきほぐし，攪拌した再生表層混合物を，再生表層混合物敷きならし装置により，所定の幅，厚さとなるように均一に敷きならすと同時に，その上部に新規アスファルト混合物を敷きならす。
② リミックス方式の場合は，混合装置より排出した再生表層混合物を，横断方向に敷き広げ，所定の幅，厚さとなるように均一に敷きならす。

写真 6-11 遮熱保護の例

写真 6-12 既設表層の加熱

写真 6-13 敷きならし

(5) 締固め
　再生表層混合物は，敷きならし後すみやかに初期転圧を行う。このときの温度は110℃以上を目標とする。初期転圧はロードローラにより，二次転圧はタイヤローラにより行う。この工法においては，かきほぐし面以下も加熱されているため，初期転圧後の混合物の温度降下速度は比較的遅い。したがって，混合物の落着き具合を観察しながら過転圧とならないように留意する。

(6) 交通開放
　交通開放するときの仕上げ面の温度は，50℃以下が望ましい。夏期は再生表層混合物

の温度降下が遅いため，舗装冷却機を使用して強制的に舗装体を冷却し，養生時間の短縮を図ることもある。

【留意事項】
① 事前処理が不十分であったり，材料や燃料の手配が悪いと，連続的な施工が困難となり出来形や品質の低下を招くため，事前に綿密な計画を立てる必要がある。
② 寒冷期に施工を行う際には，既設表層が十分な温度となるよう複数の再生用路面ヒータを使用したり，締固め効果を高めるため初期転圧に振動ローラを用いたり，新規アスファルト混合物の保温等の対策を取る必要がある。

6.6 路上路盤再生工法

【概要】

路上路盤再生工法は，破損の生じた既設アスファルト表層を路上で破砕し，下層の粒状路盤とともに混合して新しい路盤とする工法である。この工法には，安定材としてセメントを用いる方法，セメントとアスファルト乳剤あるいはフォームドアスファルトを用いる方法等がある。本工法は，舗装発生材がほとんど発生しない，また，施工速度が速いため一般交通および沿道住民への影響が少ない等の利点がある。この工法は，交通量があまり多くなく（N1～N5交通），比較的薄い舗装（既設アスファルト混合物層の厚さ15cm以下）の箇所を対象として適用されることが多い。条件によっては，N6交通でも採用されることがある。

写真6-14 路上路盤再生工法

本工法では，一般に，施工された再生路盤上に新しい表層・基層を敷設するため，補修後の舗装の高さは既設舗装より高くなるので，これが許容できる箇所への適用が望ましいが，かさ上げが困難な場合に事前処理を行ってから安定処理する方式や既設の粒状路盤材のみを安定処理する方式もある。また，本工法によってつくられる再生路盤は，施工の実態ならびに供用性の評価から判断して，「舗装設計施工指針」で規定する上層路盤と同等に扱われるので，適用箇所は原則として，再生路盤と路床との間に，下層路盤に相当する既設粒状路盤を10cm程度以上確保できるところが望ましい。

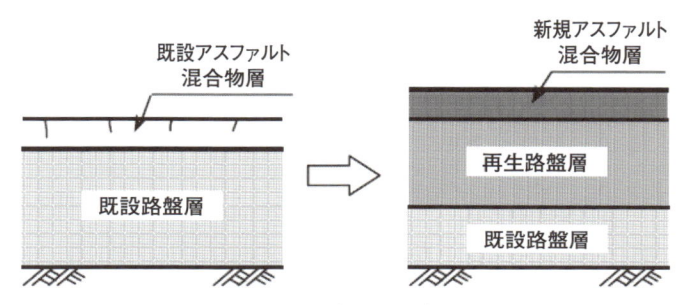

図6-12 路上路盤再生工法の概念図

舗装厚の設計は,「舗装設計施工指針」に準じて行うが,舗装の各層を構成する材料のうち,そのまま利用する既設粒状路盤材料については,事前調査の結果をもとに「道路維持修繕要綱」に従い,等値換算係数を適切に評価することが大切である。本工法に使用する安定材は,要求性能に見合った材料を選定することが重要であり,配合設計は,「舗装再生便覧」に準じて行う。

【使用材料】

路上路盤再生工法には,安定材としてセメントを用いる方法,セメントとアスファルト乳剤あるいはフォームドアスファルトを用いる方法等がある。セメントは普通ポルトランドセメントや高炉セメントが一般的であるが,フライアッシュセメントや石灰等を加えた特殊なセメントを使用する場合もある。ただし,セメントを使用するにあたっては,六価クロムの溶出量を事前に確認し,六価クロム溶出濃度が環境基準(0.05mg/l)を超える場合には,セメントを高炉セメントB種のような低六価クロムセメントを使用するなどの対策を講じる必要がある。

アスファルト乳剤はノニオン乳剤(MN-1)であり,セメント・アスファルト乳剤安定処理工法に用いられている。フォームドアスファルトはストレートアスファルト60～80を一般的に用いるが,寒冷地などではストレートアスファルト80～100を使用することもある。既設舗装を破砕混合した路上再生路盤用骨材は,**表6-5**に示す品質を標準とし,**表6-6**に示す粒度範囲に適合することが望ましい。また,必要に応じて補足材料(クラッシャラン,砂等)を加える場合もある。なお,調査設計段階において,現位置で破砕混合した路上再生骨材を準備するのは難しいので,品質および粒度の確認には,**表6-7**に示す見かけの骨材粒度を持つ破砕したアスファルト混合物と,現地から採取した既設粒状路盤材料等と合成したものを用いる。

表 6-5 路上再生路盤用骨材の品質[1]

項目\材料	路上再生路盤用骨材
修正 CBR	20 以上
PI (0.42mm ふるい通過分)	9 以下

表 6-6 路上再生路盤用骨材の粒度範囲[1]

項目	材料	路上再生路盤用骨材
ふるい通過質量百分率(%)	53mm	100
	37.5 mm	95～100
	19 mm	50～100
	2.36 mm	20～60
	0.075 mm	0～15

〔注〕本工法は,路上において既設舗装を破砕混合するものであるため,最大粒径が50mmを超える場合もあるが,混合性や締固め等の施工の難易を考えると,上表に示すようなある程度連続した粒度のものが望ましい。

表 6-7 破砕したアスファルト混合物の見かけの骨材粒度[1]

項目\材料	ふるい目	見かけの骨材粒度
ふるい通過質量百分率(%)	37.5mm	100
	26.5 mm	75
	19 mm	65
	13.2 mm	50
	4.75 mm	25
	2.36 mm	15
	0.075 mm	0

【施工方法】

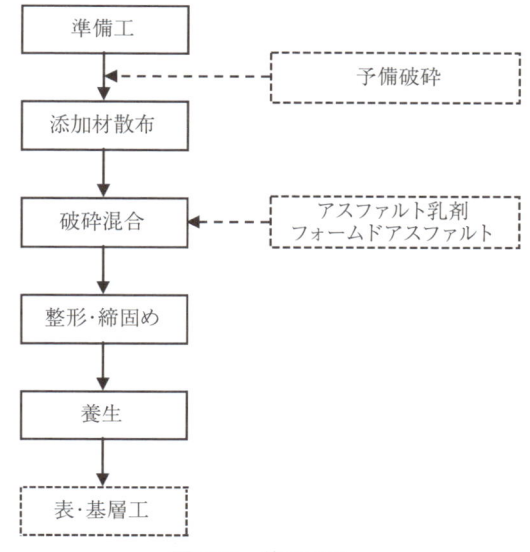

図6-13 施工フロー

準備工 ← 予備破砕
↓
添加材散布
↓
破砕混合 ← アスファルト乳剤 フォームドアスファルト
↓
整形・締固め
↓
養生
↓
表・基層工

(1) 準備工

　施工に先立ち，地下埋設物，横断管渠等の確認を行い，その他路側構造物，マンホール，路肩軟弱箇所等の有無を確かめ，必要に応じた処置をとる。

(2) 添加材散布

　添加材（セメント等）の散布は，既設舗装路面または予備破砕した路上再生路盤用骨材の上に均一に敷きならす。敷きならし方法には人力と機械があるが，添加材の散布量が一定で散布幅に変化のない場合は，機械で敷きならすとよい。

(3) 破砕混合

　① 添加材を散布した後，路上破砕混合機によって，既設アスファルト混合物，既設粒状路盤材料等の破砕を同時に行う。破砕混合時に，アスファルト乳剤あるいはフォームドアスファルトを路上破砕混合機のフード内に直接散布し，混合する。

　② 破砕混合後，必要に応じて含水比調整用に水を散布する。

　③ 破砕混合にあたっては，破砕された既設アスファルト混合物の最大粒径がおおむね50mm以下となるように注意し，特に粒径の大きいものは人力等によって取り除くとよい。

写真6-15 セメントの機械散布状況

写真6-16 破砕混合状況

④ 施工レーンが複数になる場合，既に混合した部分との間をあけないように注意し，10cm程度の重ね幅を確保するとよい。
⑤ 曲線部やマンホール等の構造物付近では，路上破砕混合機による破砕混合が困難である。このような箇所は，バックホウ等により別途処理するとよい。

(4) 整形・締固め
① 破砕混合後は，すみやかにタイヤローラによって初転圧を行い，次いでモータグレーダによって整形する。整形に際しては，材料の分離を起こさないように十分注意する。
② 縦横断形状が整ったら，8〜15tのタイヤローラと10t以上のロードローラを用いて，所定の密度が得られるまで十分に締め固める。
③ 再生路盤の厚さが20cmを超える場合は，締固め効果の大きい振動ローラも用いる。

写真6-17 整形・締固め状況

(5) 養生
① 締固め後，雨水の浸透防止や再生路盤の乾燥防止のために，アスファルト乳剤等を用いてシールコートまたはプライムコートを行う。
② 本工法では，即日交通開放が一般的であり，アスファルト乳剤等が通行車両のタイヤに付着したり，路面が傷められたりしないように，アスファルト乳剤等の散布後に粗目砂等を散布するとよい。

(6) 表・基層工
① 表・基層は，路上再生路盤の施工が完了後，できるだけ早い時期に舗設する。
② 打換え工法の表・基層工の施工方法に準じる。

【留意事項】
① 本工法を実施する場合は，路上ですべての作業を行うため，品質のばらつきが大きくなるおそれがあることから，必要に応じて含水比等の試験や測量を行い，品質と出来形を管理する。
② 施工箇所前後の取り付け，路面排水計画および付帯構造物等の現地状況に応じた仕上がり高さになるよう留意する。
③ 市街地でセメントを添加して施工する場合は，粉塵抑制タイプを使用するとよい。

第6章　参考文献
1) 日本道路協会編：舗装再生便覧，日本道路協会，2004年2月

第7章　性能向上および機能を付加した舗装

　道路舗装に要求されるニーズは多様化しており，これまで以上の性能や新たな機能を求められる場合も多くなっている。そこで，ここではアスファルト舗装の補修時にこれまでの舗装より性能を向上させた舗装工法，あるいは，新たな機能を付加した舗装工法のうち，第5章、第6章で紹介していない工法について述べることとした。

　なお，性能と機能を明確に分類することは難しいが，本ハンドブックでいう性能とは機能の程度（大小，高低）を表す指標とし，「性能向上」とは元々舗装が持っていた機能の程度を大きくする（あるいは高くする）こととした。また，本ハンドブックでいう機能とはその舗装の持つ特徴とし，「機能を付加した」とは，それまでの舗装が持っていなかった特徴を新たに付加したこととした。このように定義した上で「7.1 性能を向上させた舗装」，「7.2 機能を付加した舗装」として以下に紹介する[1]。

7.1　性能を向上させた舗装

　本書では，性能の向上とは，アスファルト舗装の補修後，破損する前に有していた性能を同等以上に改善することを指し，ここでは以下の工法を性能を向上させた舗装として紹介することとした。

表7-1　性能を向上させた舗装とその主な特徴

舗装の種類 \ 性能の種類	塑性変形抵抗性（耐流動性）	摩耗抵抗性（耐摩耗性）	すべり抵抗性	たわみ追従性	水密性	明色性	耐油性	疲労抵抗性
改質アスファルト舗装	○	○		○				○
砕石マスチックアスファルト舗装	○	○	○	○				○
大粒径アスファルト舗装	○		○					
半たわみ性舗装	○	○				○	○	
熱硬化性アスファルト舗装	○	○		○				
ロールドアスファルト舗装		○	○		○			○
グースアスファルト舗装				○	○			

7.1.1 改質アスファルト舗装
【概要】

改質アスファルト混合物とは，ゴムや熱可塑性エラストマーなどを添加して改質したアスファルト（ポリマー改質アスファルト）やブローイング操作を加えて改質したアスファルト（セミブローンアスファルト）を用いて製造した混合物をいう。また，混合物製造時にゴムや熱可塑性エラストマーなどの改質材を添加して製造することもある。通常のアスファルト混合物に比べ耐久性能の向上が期待できる。耐久性能としては塑性変形抵抗性（耐流動性），摩耗抵抗性（耐摩耗性），骨材飛散抵抗性およびたわみ追従性などがある。

ポリマー改質アスファルトには，ゴムや熱可塑性エラストマーを単独または併用した改質アスファルトⅠ型，Ⅱ型，Ⅲ型およびポーラスアスファルト混合物に使用されるH型等があり，主にポリマー添加等による性能の違いで分類されている。改質Ⅰ，Ⅱ型はアスファルトが主成分であるのに対し，H型はポリマーが主成分となっている。改質Ⅲ型は，両者の遷移領域になっている[2]。

改質アスファルト混合物は主に表層および基層用材料として使用される。

写真 7-1 改質アスファルトは主要重交通路線に適用

【特徴】

ゴムや熱可塑性エラストマーを添加したポリマー改質アスファルトは，塑性変形抵抗性（耐流動性），摩耗抵抗性（耐摩耗性），骨材飛散抵抗性の向上が期待できる。ブローイング操作で感温性を改善したセミブローンアスファルトは，塑性変形抵抗性の向上が期待できる。

改質Ⅲ型やH型には，Ⅲ型-W，Ⅲ型-WF，H型-F という機能を付加したものがある。
　　　（W：Water resistance（耐水性），F：Flexibility（可撓性））

【用途・適用箇所】

改質アスファルトの主な用途は，種類によっておおむね次のような箇所に使われる。
(1) 改質アスファルトⅠ型：主に摩耗抵抗性が期待でき，積雪寒冷地などに使われる。
(2) 改質アスファルトⅡ型：主に塑性変形抵抗性（摩耗抵抗性）が期待でき交差点や重交通路線などに使われる。
(3) 改質アスファルトⅢ型：Ⅱ型よりもさらに耐久性が期待でき，より過酷な交通条件の

箇所などに使われる。
(4) 改質アスファルトH型：主に骨材飛散抵抗性が期待でき，ポーラスアスファルト混合物に使われる。
(5) セミブローンアスファルト：主に塑性変形抵抗性が期待でき，重交通路線などに使われる。

写真 7-2 耐流動性試験機の例（ホィールトラッキング試験機）

写真 7-3 改質アスファルトⅡ型（上段）の耐流動性

写真 7-4 耐摩耗性試験機の例（ラベリング試験機）

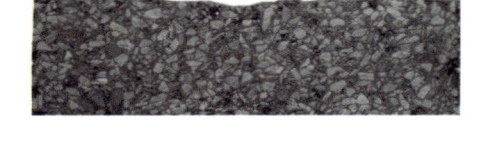

写真 7-5 改質アスファルトⅡ型（上段）の耐摩耗性

【留意事項】
① 改質アスファルトを既設のアスファルトタンクに入れて貯蔵する場合は，既設アスファルトが混ざらないようにタンクや配管を十分清掃しておく。
② 改質アスファルトは通常のアスファルトに比べ粘度が高くなる場合が多い。このため，施工中に混合物温度が低下すると極端に施工性が悪くなる場合があるので留意する。
③ また，適切な混合物温度でも通常混合物より粘りがある場合もあり，できる限り機械施工できるようにレーン割りするとよい。
④ 改質アスファルト混合物の望ましい舗設温度は，製品により異なるので，製造メーカーの仕様を参考にする。

7.1.2 砕石マスチックアスファルト舗装
【概要】

砕石マスチックアスファルト舗装（SMA：Stone Mastic Asphalt Pavement, あるいは Stone Matrix Asphalt Pavement といわれることもある）は，舗装の骨格となる粗骨材量が多く（70～80％），細骨材に対してフィラー量が多い（8～13％程度）アスファルトモルタルでこの粗骨材間隙を充填した不連続（ギャップ型）粒度のアスファルト混合物を用いた舗装である。

SMA は，アスファルトモルタルの充填効果と粗骨材のかみ合わせ効果および繊維質補強材，改質アスファルト等の使用により，塑性変形抵抗性，摩耗抵抗性，水密性，すべり抵抗性，疲労破壊抵抗性を有している。

上が密粒（13），下が SMA（13）
写真 7-6 SMA と密粒の粒度比較

近年では，表面はポーラスアスファルト舗装と同等のきめ深さ（隙間が多い）を持ちながら，内部は隙間が少なく，十分な水密性を追求した混合物も注目されている。このタイプの舗装は，ポーラスアスファルト舗装と比較して骨材飛散抵抗性（チェーンによる摩耗抵抗性）に優れることから，積雪寒冷地域における適用が有望視されている。

【特徴】
① 粗骨材のかみ合わせ効果，改質アスファルトの使用などにより，塑性変形抵抗性に優れている。
② 表面粗骨材面積が大きくかつ繊維質補強材を使用したアスファルトモルタルの充填効果などにより，摩耗抵抗性に優れている。
③ 低い空隙率（2～3％）の混合物であるため水密性に優れている。

【用途・適用箇所】
① 積雪寒冷地の耐摩耗舗装
② 長寿命を期待したい重交通道路の表・基層
③ 橋面舗装やコンクリート床版上の基層

【留意事項】
① 一般に，砕石マスチックアスファルト舗装は十分な転圧，あるいは十分なニーディング作用を受けてはじめて所定の性能が得られる場合が多いので適切な転圧機種，転圧方法を選択すること。
② 砕石マスチックアスファルト舗装の施工性を改善するために中温化添加剤を添加する場合がある。

7.1.3 大粒径アスファルト舗装
【概要】

大粒径アスファルト舗装は，骨材の最大粒径が 25mm 以上の大粒径アスファルト混合物を用いた舗装である。大粒径アスファルト混合物は，大粒径の粗骨材を使用することにより，粗骨材間のかみ合わせ効果を向上させ，塑性変形抵抗性，摩耗抵抗性を高めた混合物である。

通常のアスファルト舗装と同様の舗装施行体系で施工が可能である。一般的に高締固め型アスファルトフィニッシャを用い、一層の仕上がり厚10～30cmのシックリフト工法により基層以下の層などに適用される。施工の省人化・省力化が図られるとともに、締固め直後の高温状態でも塑性変形抵抗性が高く、早期交通開放が可能である。

【特徴】
① 骨材のかみ合わせ効果が高く、塑性変形抵抗性・摩耗抵抗性に優れる。
② シックリフト工法により急速・省力化施工が可能である。
③ 中温化技術を併用することにより、施工効率がさらに向上できる。
④ 良好な粗面仕上がりにより、すべり抵抗性が期待できる。
⑤ 植物性繊維などの添加により舗装のきめの改善が可能で、表層にも適用可能である。

【用途・適用箇所】
① 重交通道路
② 高規格幹線道路
③ 早期交通開放が必要な道路
④ 港湾など超重量車輌が走行する施設、通路
⑤ 空港の滑走路・誘導路・エプロン
⑥ 鉄道ヤードなどのコンテナターミナル
⑦ 工場の荷物取扱所、倉庫等

写真 7-7 完成状況（路面アップ）

写真 7-8 断面写真

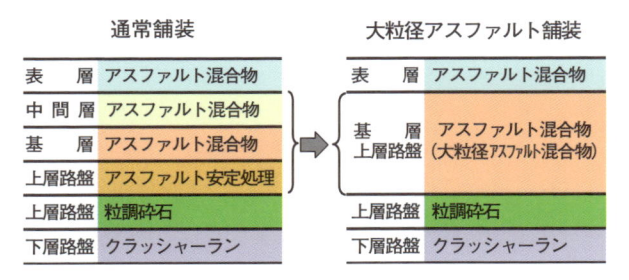

図 7-1 断面図（敷きならし回数の比較）

【留意事項】
① 一層仕上がり厚20cm以上の場合、高締固め型フィニッシャを使用する。
② 高い塑性変形抵抗性を有することから基層で適用する場合、交通開放温度の目安は、表面温度70℃以下、内部温度はおおむね90℃以下とする。
③ 大粒径アスファルトを基層に施工後、連続して表層を施工する場合、初期わだちの発生のおそれがあるため基層施工後いったん仮開放し、後日表層施工を行うのが望ましい。
④ 大粒径アスファルト混合物の設計は、NAPA（全米アスファルト協会）提唱の手法、

QRP（Quick Repair Pavement，国土交通省中国技術事務所と社団法人日本道路建設業協会中国支部の共同開発工法）の手法等が参考となる。

7.1.4 半たわみ性舗装
【概要】
　半たわみ性舗装は，ポーラスアスファルト混合物の空隙に特殊セメントミルクを浸透させた舗装であり，アスファルト舗装のたわみ性とコンクリート舗装の剛性を複合的に活用した舗装である。半たわみ性舗装のうち，全層にセメントミルクを浸透させたものを全浸透型，半分程度浸透させたものを半浸透型と呼び，車道は耐久性を考慮して，一般に全浸透型を用いる。一般的な養生時間は，普通タイプが約3日，早強タイプが約1日，超速硬タイプが約3時間である。

写真 7-9　半たわみ性舗装の施工例

【特徴】
① 塑性変形抵抗性に優れている。
② 耐油性と難燃性に優れている。
③ 全浸透型はセメントミルクの効果で明色機能が追加される。
④ 顔料を添加したセメントミルクを使用することで，舗装のカラー化が容易にできる。

【用途・適用箇所】
① 交差点付近，バスターミナル，料金所などの塑性変形抵抗性が要求される箇所
② ガソリンスタンド，パーキングなどの耐油性が要求される箇所
③ トンネル内などの明色性が要求される箇所
④ バスレーンなどの塑性変形抵抗性とカラー化が要求される箇所
⑤ 公園，商店街など景観を要求される箇所
⑥ 橋梁伸縮装置付近の流動による段差が懸念される箇所

写真 7-10　橋梁伸縮装置付近の施工例

【留意事項】
① 半たわみ性舗装は，表層のポーラスアスファルト混合物の空隙にセメントミルクを浸透させる構造であることから，この舗装を適用するにはセメントミルクが流出しないように基層を設ける必要がある。

② 半たわみ性舗装は，特殊セメントミルクの中に収縮ひび割れの発生を防ぐ添加剤が混入されているので，特に目地構造を設けないが，セメントミルクの配合，施工，養生等に配慮しないとひび割れが生じることもある。
③ セメントミルクを浸透させる舗装体の温度が高い（一般的には約50℃以上）場合，空隙内でセメントミルクの流動性が低下し，浸透が不十分となり，未浸透部分の圧密等の変形により供用性がそこなわれるおそれがある。特に，舗装の施工直後や夏期の直射日光が当たる箇所については注意が必要である。
④ セメントミルクが舗装の粗骨材の上に残っていると，路面のすべり抵抗値が低下するので，ゴムレーキ等で除去する。

7.1.5 熱硬化性アスファルト舗装

【概要】

熱硬化性アスファルト舗装は，加熱すると硬くなる性質（化学反応）を利用したバインダである熱硬化性アスファルトを用いた混合物を用いる舗装である。熱硬化性アスファルトの代表的なものはエポキシアスファルトで，ストレートアスファルトにエポキシ樹脂を添加したものである。エポキシ樹脂は一般的に，主剤と硬化剤で構成される。

写真 7-11　施工状況

【特徴】
① 塑性変形抵抗性や摩耗抵抗性に優れ，たわみ追従性や疲労抵抗性はグースと同等以上である。
② 一般的な施工機械で舗設が可能である。
③ 可使時間は，1～1.5時間程度で，使用する材料の種類，温度の影響を受ける（一般的に高温で短く，低温で長い）。
④ 3時間以上の可使時間を有する熱硬化性アスファルトが開発され施工性が改善されている。

写真 7-12　路面性状

【用途・適用箇所】
① 流動対策の必要な舗装
② 鋼床版舗装

【留意事項】
① 使用するエポキシ樹脂（主剤と硬化剤）の種類により，混合手順，可使時間，強度発現の特性が異なるため，事前に適切な取扱い方法について確認する必要がある。

写真 7-13　エポキシ樹脂の外観例
（左：主剤，右：硬化剤）

② いったん硬化すると，再加熱しても軟らかくならないので，施工管理に十分留意す

③ 3時間以上の可使時間を有する熱硬化性アスファルトの場合，舗設後も硬化反応が進行中のため，交通開放時間に留意する。

7.1.6 ロールドアスファルト舗装
【概要】
　ロールドアスファルト舗装は，細砂，フィラー，アスファルトからなるアスファルトモルタル中に，比較的単粒度の粗骨材を一定量配合した不連続粒度のロールドアスファルト混合物で，混合物の敷きならし直後に石油樹脂またはアスファルト等でプレコートされた骨材を散布・圧入した舗装である。ロールドアスファルト舗装は，すべり抵抗性，摩耗抵抗性，水密性，耐ひび割れ性などの性能とともに，プレコートチップ材に有色骨材を使用することで明色化による視認性および環境美化の向上に役立つものである。

【特徴】
① 摩耗抵抗性，水密性などの耐久性に優れる。
② チップ材を圧入することにより，すべり抵抗性が向上する。
③ プレコートチップ材に明色骨材を使用することにより，路面の明色化が可能。

【用途・適用箇所】
① 積雪寒冷地域や山岳道路などの急勾配区間で，すべり抵抗性が要求される箇所
② 橋面舗装や交差点部など，耐久性，すべり抵抗性が要求される箇所
③ トンネル内，バスレーン等，車線の明色化が要求される箇所
④ 広場，園路，遊歩道，サイクリングロードなど（環境美化）

写真 7-14 骨材散布状況　　　　**写真 7-15** ロールドアスファルト完成状況

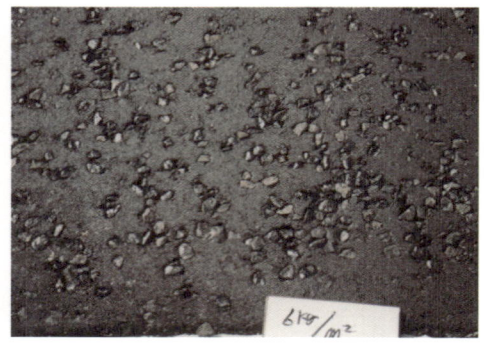

写真 7-16 ロールドアスファルト完成状況（路面アップ）

【留意事項】
プレコートチップ材を圧入する際には，通常鉄輪ローラを使用するが，さらに混合物とチップ材の結合を高めたい場合にはタイヤローラで転圧するとよい。

7.1.7 グースアスファルト舗装
【概要】
グースアスファルト混合物は，トリニダッドレイクアスファルトまたは熱可塑性エストラマーなどの改質材を混合したアスファルトと粗骨材，細骨材およびフィラーを配合してアスファルトプラントで混合して製造する。

施工は，流し込み可能な作業性（流動性）と安定性が得られるように，クッカと呼ばれる加熱混合装置を備えた車両で 220 ～ 260℃に加熱・攪拌しながら運搬し，グースアスファルトフィニッシャもしくは人力によって流し込む。仕上がり厚さは，一般に 3 ～ 4cm 程度である。

一般に鋼床版の橋面舗装として使用される。

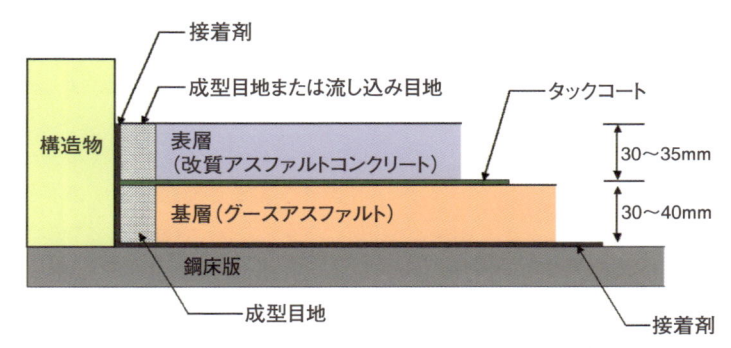

図 7-2 グースアスファルト舗装の標準断面 [1]

【特徴】
① 鋼床版との接着性が高く，たわみ追従性に優れているためクラックの発生を抑制できる。
② 空隙がほとんどないため水密性が高く，防水層としての効果がある。
③ 施工時の流動性に富むため，鋼床版継手部のボルトや段差部など隅々まで充填できる。
④ 流し込み工法なので締固めが不要。

【用途・適用箇所】
① 鋼床版の橋面舗装
② 埋設管などの充填材

写真 7-17 橋梁の鋼床版舗装

写真 7-18　クッカ車による混合物の供給　　　写真 7-19　グースアスファルトフィニッシャによる舗設

【留意事項】
① 敷きならされたグースアスファルト混合物が勾配の低い方に流動するため，特に勾配が10％以上となる急勾配箇所の施工では，以下に示すような対策を行う必要がある。
  ・リュエル流動性を，通常3〜20秒（240℃）の規定であるのに対して15〜20秒とする。
  ・グースアスファルト敷きならし直後にプレコートチップを散布，圧入する。
  ・敷きならしたグースアスファルトを，送風等により急速に冷却する。
② 鋼床版上の施工ではブリスタリングが生じやすいため，施工面上への水分や油分の持ち込みを防止し，ブラスト処理等により研掃する。

7.2 機能を付加した舗装

前述のように，ここではアスファルト舗装の補修後，破損する前に有していた機能とは別に，新たな機能を付加した舗装について紹介する。

表7-2 機能を付加した舗装の種類

機能の種類	機能を付加した舗装の種類
排水機能	ポーラスアスファルト舗装（排水性舗装） 遮水型排水性舗装 グルービング工法（5.4.2で紹介済み）
透水機能	透水性舗装
騒音低減機能	ポーラスアスファルト舗装（低騒音舗装：排水機能で紹介） 弾力性舗装
明色機能	明色舗装 ロールドアスファルト舗装（7.1.6で紹介済み）
色彩機能	カラー舗装 樹脂系表面処理工法（5.3.5で紹介済み） 半たわみ性舗装（7.1.4で紹介済み） トップコート工法
すべり止め機能	ロールドアスファルト舗装（明色機能で紹介） マイクロサーフェシング工法（5.3.4で紹介済み） 樹脂系表面処理工法（5.3.5で紹介済み） 路面切削工法（5.4.1で紹介済み） グルービング工法（5.4.2で紹介済み） ブラスト処理
凍結抑制機能	凍結抑制舗装 （化学系凍結抑制舗装，物理系凍結抑制舗装）
路面温度上昇抑制機能	路面温度上昇抑制舗装 （土系舗装，緑化舗装，保水性舗装，遮熱性舗装）
骨材飛散抑制機能	トップコート工法（7.2.7で紹介済み） 透水性樹脂モルタル充填工法
リフレクションクラック抑制機能	リフレクションクラック抑制工法 （じょく層工法，シート工法）

7.2.1 ポーラスアスファルト舗装

【概要】

ポーラスアスファルト舗装は，ポーラスアスファルト混合物を表層または表層・基層に用いる舗装である。雨水をポーラスアスファルト混合物の空隙にすみやかに浸透させ，排水処理施設へ排水する機能を持つ。また，タイヤと路面の間で発生する音を低減させる機能を持つ。

ポーラスアスファルト舗装は，排水機能を有する舗装（排水性舗装），騒音低減機能を有する舗装（低騒音舗装）などに用いられる。

写真 7-20　ポーラスアスファルト舗装

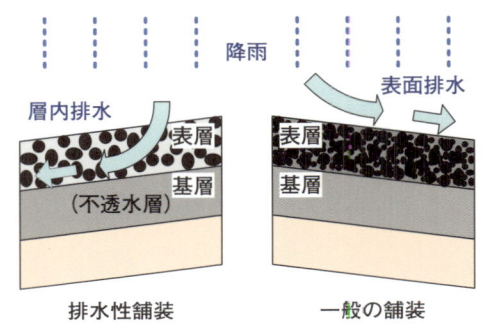

図 7-3　排水性舗装と一般舗装の排水特性[3]より作図

【特徴】
① 降雨時の水はね現象やハイドロプレーニング現象を防止する。
② ドライバーの視認性等を良好にし，走行安全性を向上する。
③ 車両走行に伴い発生するエアポンピング音の発生を路面の空隙が抑制する。
④ タイヤ路面騒音やエンジン騒音等を路面の空隙が吸収することで騒音を低減する。

【用途・適用箇所】
① 一般道路や自動車専用道路
② 交通安全対策や騒音低減効果を必要とする箇所
③ 駐車場

【留意事項】
① 空隙率の大きいアスファルト混合物を使用するため，通常のアスファルト混合物（密粒度アスファルト混合物）と比較して温度低下が早く，施工時の温度管理に留意する必要がある。
② ポーラスアスファルト混合物には，必要に応じた性能のポリマー改質アスファルトを用いる。
③ 舗設時には，層間接着力が高く，下層の防水処理としての効果を持つ，ゴム入りアスファルト乳剤を用いる。
④ 不透水層は勾配や平たん性に留意し，すみやかに排水施設へ排水できる構造とする。また既設舗装を不透水層に適用する場合は，必要に応じて浸透水防止対策として表面処理等の処置を行う。
⑤ 低騒音舗装用のポーラスアスファルト混合物には，騒音低減効果を高めるために小粒径の骨材（最大粒径 10mm，8mm，5mm 等）を主材料として用いることがある。

7.2.2 遮水型排水性舗装

【概要】

遮水型排水性舗装は，乳剤散布装置付きアスファルトフィニッシャで，高濃度の改質アスファルト乳剤を，多量かつ均一に散布する。同時に分解剤を散布しアスファルト乳剤を即時分解させ，ポーラスアスファルト混合物を敷きならすことにより，混合物層の下部にアスファルト分が充填されることで，遮水層を形成し浸透してくる雨水等から基層を保護することができる。

本工法の活用により，通常の排水性舗装に比べ，既存の基層を保護することができるため剥離に起因する破損を防ぐことができる。また，基層を含めた二層構築する排水性舗装に比べ，大幅にコストを縮減することができる。

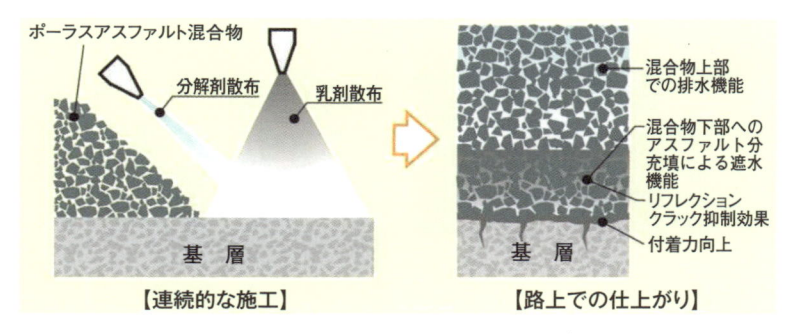

図 7-4　遮水型排水性舗装の概念図[1]

【特徴】

① 遮水層により雨水から基層を保護できる。
② 基層と表層の付着性能が優れている。
③ 乳剤散布から敷きならしまでを1工程で実施できる。
④ 既設基層のひび割れに起因して発生するリフレクションクラックを抑制することができる。

写真 7-21　遮水型排水性舗装舗装施工状況　　写真 7-22　分解剤散布状況

【用途・適用箇所】

ポーラスアスファルト舗装を適用する修繕工事

【留意事項】

多量の乳剤を散布するため，その散布量を精度良くコントロールできる乳剤散布装置付きアスファルトフィニッシャを使用する必要がある。

7.2.3 透水性舗装

【概要】

透水性舗装は，透水機能を有する表・基層および路盤層を組み合わせ，雨水を路盤以下へ浸透させる機能を持つ舗装である。

原地盤に雨水を浸透させる構造の路床浸透型と，雨水流出を遅延させる構造の一時貯留型に大別できる。

【特徴】

① 下水・河川への雨水流出抑制効果がある。
② 路床浸透型は地下水涵養効果が期待される。
③ 車両走行に伴い発生する騒音を低減する効果がある。
④ 水はね防止，ハイドロプレーニング現象を抑制する効果がある。

写真 7-23 透水性舗装の施工例

【用途・適用箇所】

① 一般道路
② 歩道
③ 駐車場，公園，スポーツ施設

【留意事項】

① 表層にポーラスアスファルト混合物を適用する場合，必要に応じた性能のアスファルトを使用する。
② 空隙率の大きいアスファルト混合物を使用するため，通常のアスファルト混合物（密粒度アスファルト混合物）と比較して温度低下が早く，施工時の温度管理に留意する必要がある。

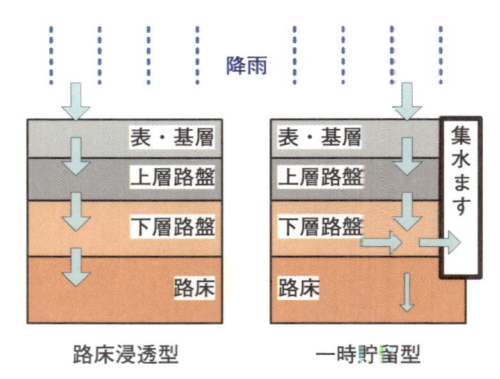

図 7-5 透水性舗装の概念図[4]より作図

③ アスファルト乳剤は透水機能を阻害するため，基本的には使用しない。そのため，接着性が劣り，縦断勾配は8％程度が施工限界である。
④ 必要に応じて，雨水が路床へ浸透する際のフィルターとしての役割および路床土が路盤に侵入することを防止するため，透水シートや砂等のフィルター層を設けることがある。
⑤ 表層の材料としては，開粒度混合物やポーラスアスファルト混合物のほかに木質系材料を使用したものやポーラスコンクリート，透水性インターロッキングブロック等も適用できる。

7.2.4 弾力性舗装

【概要】

　弾力性舗装は，顆粒状あるいはファイバー状のゴムチップをウレタン樹脂やアスファルト系のバインダで結合させた混合物を，路盤もしくは基層上に敷きならして仕上げるものである。当該舗装は，ゴムの弾力性を活かし，適度なクッション性と快適な歩行感を持つ歩行者系舗装で，透水機能を付与することや，カラーゴムチップや顔料を用いることで，色彩豊かなカラー化にすることも可能である。なお，材料にリサイクルゴムチップを使用しているタイプもあり，資源の再利用化に貢献できる。

　また，二次製品のブロックタイプもあり，インターロッキングブロック舗装と同程度の施工性を有しているため，品質管理が容易である。なお，使用するゴムブロックは，一般的には表層と下層とからなり，表層材としてゴムチップ（SBRやBR），カラーゴムチップ，EPDM（エチレン－プロピレンゴム）チップ等，下層材としてゴムチップ，廃タイヤ破砕チップ等がある。

写真 7-24 樹脂系バインダタイプの施工状況

写真 7-25 完成状況

写真 7-26 アスファルト系バインダタイプの施工状況

写真 7-27 供用状況

写真 7-28 ブロックタイプの施工状況

写真 7-29 完成状況

【特徴】
① 適度な弾力性および衝撃吸収性があり，快適で安全な歩行感が得られる。
② 一般的に透水性を有し，雨天時も安心して歩行できる。
③ カラー化が可能。

【用途・適用箇所】
① 園路，遊歩道，ゴルフ場歩経路
② ジョギングコース，運動広場
③ テニスコート，競技場トラック

【留意事項】
① 樹脂系バインダタイプの弾力性舗装は，樹脂の硬化に24時間以上を要する場合もあるので，養生日数に留意する必要がある。
② アスファルト系バインダタイプの弾力性舗装は，混合物温度が低下すると，施工性が悪くなるため，温度管理が重要である。
③ ブロックタイプの弾力性舗装は，供用後，徐々にブロック間に隙間ができることがあり，ハイヒールのかかとが挟まったり，ブロックの盗難の原因となることがあるため，施工時には，専用器具を用いてブロックを圧迫しながら隙間ができないよう敷設していく必要がある。

7.2.5 明色舗装

【概要】
　明色舗装は，アスファルト舗装の表層の粗骨材に，光の反射率が大きい明色骨材を用いた舗装であり，明色骨材の効果で路面の明るさや光の再帰性を向上させたものである。施工はアスファルト混合物中の粗骨材の全部または一部を明色骨材で置き換えた混合物方式と，表層用混合物を敷きならした直後に，石油樹脂等でプレコートした明色骨材を，舗装表面に散布し圧入する路面散布方式がある。

写真 7-30　明色舗装の施工例

写真 7-31　明色舗装の仕上がり例

【特徴】
① 視認性の向上により走行安全性が期待できる。
② 一般のアスファルト舗装と比べて，路面の輝度が高く，トンネル内や夜間における路面の照明効果が向上し，照明費用の低減が図れる。
③ 夏期に路面温度が上がりにくいため，塑性変形抵抗性も期待できる。

【用途・適用箇所】
① トンネル
② 交差点
③ 橋梁
④ 路面の視認性向上や照明費用の低減が要求される箇所

【留意事項】
① 混合物方式の明色効果は，通行車両等により粗骨材のアスファルト被膜が剥がれることで現れることから，効果の発現までには一定の期間を要する。早期に明色効果が必要な箇所では，ショットブラストやウォータージェット等でアスファルト被膜を除去する必要がある。
② 路面散布方式の明色効果を十分に発揮させるためには，明色骨材を均一に散布することが重要である。
③ 明色効果は明色骨材の使用量が多いほど高くなる。ただし，混合物方式の明色舗装は混合物の標準的な粒度範囲を逸脱しないようにする。一般的には，全骨材の30％程度を置き換える場合が多い。路面散布方式の明色舗装は，散布量が多すぎると供用後に骨材飛散を生じることがあるため，事前の確認が必要である。

7.2.6 カラー舗装

【概要】

カラー舗装は，アスファルト舗装の表層の混合物に着色した舗装であり，舗装を色彩区分することによる視認性向上や街路の景観性向上を図ることができる。着色は主に以下のものが用いられている。最近はポーラスアスファルト混合物にも適用されている。
① 加熱アスファルト混合物に顔料を添加
② 加熱アスファルト混合物に着色骨材を使用
③ 加熱アスファルト混合物のアスファルトに換えて熱可塑性石油樹脂（脱色バインダ）を使用
④ ①〜③を適宜組み合わせたもの

写真 7-32 カラー舗装の施工例

【特徴】
① 顔料，骨材，バインダの組合せで赤，緑，黄など様々な色彩を選択できる。
② 天然骨材と熱可塑性石油樹脂（脱色バインダ）の組合せで，素材の持つ自然な色彩を表現できる。

③　バインダにアスファルトを用いる場合，着色は赤や緑など濃い色に限定される。

【用途・適用箇所】
①　バスレーンや登坂車線など色彩区別による視認性向上が要求される箇所
②　車道，自転車道，歩道，公園，参道など景観性を確保したい箇所

【留意事項】
①　カラー舗装の色彩は，適用箇所の目的と周辺環境との調和を考慮して選択する必要がある。
②　カラー舗装は，通行車両等による摩耗や紫外線等による経年劣化により色彩が退色する場合がある。

7.2.7　トップコート工法

【概要】
　トップコート工法は，ポーラスアスファルト舗装（排水性舗装）や透水性舗装の耐久性，骨材飛散抵抗性を向上させる目的で開発された技術である。ポーラスアスファルト舗装表面に特殊なアクリル系樹脂やエポキシ系樹脂，エマルジョン化した樹脂などを散布・浸透させることにより，表面部分の強化と表面空隙部分へのゴミ・塵などの付着抑制効果を図るものである。

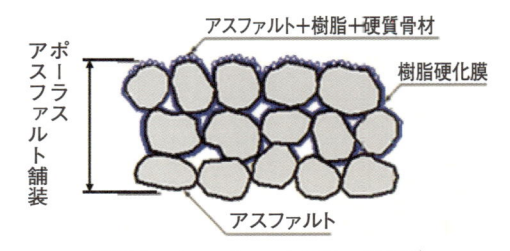

図 7-6　トップコート工法の概要[1]

【特徴】
①　骨材飛散を抑制する。
②　空隙つぶれ・空隙詰まりの抑制に効果がある。
③　顔料を加えることでカラー化も可能である。
④　カラー化による注意喚起ができる。

【用途・適用箇所】
①　交差点内・車両停車部・および駐車場のポーラスアスファルト舗装面
②　高速道路インターチェンジ・サービスエリア・パーキングエリア進入路
③　景観・視認性を向上したい箇所

写真 7-33　トップコート工法の施工状況

【留意事項】
①　施工可能な路面温度範囲は使用する樹脂によって異なるため，樹脂の製造メーカの仕様を参考にする。この範囲外の路面温度では樹脂の硬化に不具合が生じる可能性がある。
②　特に，硬化前の樹脂には独特の臭気があるため，人通りの多い箇所での施工時は風向きや換気に注意する。または，発生する臭気を抑えた低臭気タイプを使用するなどの対策を検討する。
③　樹脂には消防法による危険物に相当するものがある。そのような樹脂を使用する場合，貯蔵量，運搬方法，施工方法など関連法規にのっとり取り扱う必要がある。

7.2.8 ブラスト処理工法

【概要】

ブラスト処理工法とは，表層のすべり抵抗の改善，景観性の向上のための舗装表面処理などを目的として舗装面に研掃処理を施すことである。アスファルト舗装に使われるブラスト処理の代表的なものは，球状の金属粒（スチールショット）を専用のブラストマシンを用いて舗装面にたたき付けて研掃するものがある。これをショットブラストという。また，超高圧ポンプで加圧された水を専用の噴霧器で吹き付けて研掃する方法もある。これをウォーターブラスト（ウォータージェットともいう）という。以下に両者の比較表を示す。

表 7-3　ショットブラスト工法とウォーターブラスト工法の比較[5]

	事前準備	作業スペース	施工方法	凹凸量への対応	研掃（切削）深さの制御	振動	事後処理
ショットブラスト	特になし	ブラスタ，集塵器	乾式作業	困難	困難	多少発生	粉塵処理
ウォーターブラスト	給水作業	ブラスタ，高圧ポンプ，泥水ろ過	湿式作業	可能	可能	ほとんど発生しない	泥水処理

【特徴】

① フィラービチューメンなど細粒分を除去し，表層のすべり抵抗を改善できる
② フィラービチューメンなど細粒分を除去し，粗骨材を見せることで景観舗装とすることができる

写真 7-34　半たわみ性のブラスト処理　　　　写真 7-35　景観舗装のブラスト処理

【用途・適用箇所】

① ポリッシングされてすべり抵抗の低下した舗装や半たわみ性舗装など
② 半たわみ性舗装を天然石風に仕上げたり，有色骨材を使用した透水性舗装のバインダー被膜を除去し，粗骨材の色彩を表面に出したりする景観舗装など

【留意事項】

① ショットブラストは，施工時にスチールショットが舗装表面に残ってしまう場合があり，これが路面に錆を発生させるなどの不具合となる。したがって，施工後はマグネットバーなどを用いて確実にスチールショットを回収する。
② ウォーターブラストは，高架橋道路などで利用すると高架下に水が漏れる場合がある。また，施工後，大量の泥水処理が必要になることに留意する。

7.2.9 凍結抑制舗装

【概要】

凍結抑制舗装とは，冬期における道路交通の安全性を確保するため，路面の凍結遅延や抑制を目的に開発され，積雪寒冷期における道路交通の安全確保や除雪作業の効率化などに効果がある舗装である。また，凍結抑制舗装は消雪パイプやロードヒーティングのように路面を消雪・融雪するためのランニングコストが必要ない。

代表的な凍結抑制機能を有する舗装として化学的な工法（化学系凍結抑制舗装），物理的な工法（物理系凍結抑制舗装）およびこれらを組み合わせた化学物理系凍結抑制舗装がある。

【化学系凍結抑制舗装の特徴】

凍結抑制剤として塩化物または塩化物を含有する物質を顆粒状，粉末状に加工してアスファルト混合物に添加し，凍結抑制剤から染み出した塩化物による氷点降下作用などを利用して凍結を抑制する。

表7-4　化学系凍結抑制舗装の例

	対象とする舗装	特徴
①	標準的なアスファルト舗装	塩化物を加えた特殊セメント固化物を破砕し，混合物に混入
②	標準的なアスファルト舗装	火成岩微粉末の空隙に塩化物などの有効成分を吸着させ，混合物に混入
③	半たわみ性アスファルト舗装	表面付近に吸水ポリマーを配置し，塩化物などの有効成分を吸着

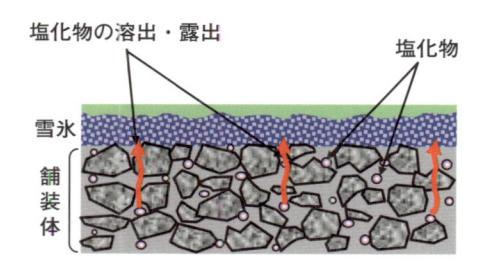

図7-7　化学系凍結抑制舗装の概要　　　写真7-36　化学系凍結抑制舗装の供用状況[6]

【物理系凍結抑制舗装の特徴】

ゴムなどの弾性体をアスファルト混合物に混入または路面に露出させ，走行荷重により弾性材料が変形することで，路面の雪氷を剥離，破壊し舗装面が露出する比率を高める。

表7-5　物理系凍結抑制舗装の例

	対象とする舗装	特徴
①	標準的なアスファルト舗装	舗装表面にグルービングや削孔を行い，弾性体を充填
②	標準的なアスファルト舗装	アスファルト混合物にゴム粒子を混入
③	標準的なアスファルト舗装	舗装表面に面状の弾性体を敷設
④	標準的なアスファルト舗装	ゴム粒子をアスファルト舗装面に圧入
⑤	ポーラスアスファルト舗装	ポーラスアスファルト舗装の凹部に小粒径の弾性体を充填

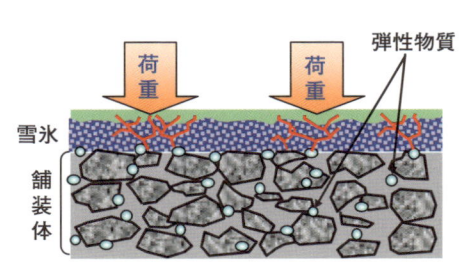

図7-8 物理系凍結抑制舗装の概要 　　　**写真7-37** 物理系凍結抑制舗装の供用状況

【用途・適用箇所】
① 積雪寒冷地域で車両の減速，停止が要求される箇所（例，急カーブ，急勾配，交差点など）
② 積雪寒冷地域で路面状況の変化が著しい箇所（トンネル，スノージェットの出入り口など）
③ 特に路面が凍結しやすい箇所（山間部の日陰，橋面など）
④ 凍結抑制剤の散布を低減させたい箇所（農地隣接箇所や人家密集箇所）
⑤ 除雪車の出動，凍結抑制剤の供給・散布が困難な箇所（山間部）

【留意事項】
① 凍結抑制舗装は，積雪寒冷地などで一般的に実施される除雪や凍結防止剤散布等と併用して適用するとよい。
② 気温が−5℃程度以上のときに，凍結抑制舗装の効果が表れやすいとされている。
③ 化学系凍結抑制舗装と物理系凍結抑制舗装では，効果を発揮する仕組みが異なるため確認方法が異なる。確認方法については「舗装性能評価法別冊」の氷着引張強度試験や『凍結抑制舗装ポケットブック』（平成15年10月改訂版）を参考にするとよい。

7.2.10　路面温度上昇抑制舗装

路面温度上昇抑制機能舗装とは，通常の舗装と比較して夏期における日中の路面温度の上昇を抑制できる舗装である。土系舗装や緑化舗装など天然材料を使用するものや遮熱性舗装や保水性舗装といった路面温度上昇抑制舗装などがある。

(1) 土系舗装

【概要】
土系舗装とは，天然材料の土や砂と結合材を混合した層のことで，適度な弾力性，衝撃吸収性，保水性などの機能を有する舗装である。使用する結合材には様々な種類があり，主な結合材としてセメント系，アスファルト系，石灰系や樹脂系などがあり，使用する結合材によって舗装材の性質も異なる。

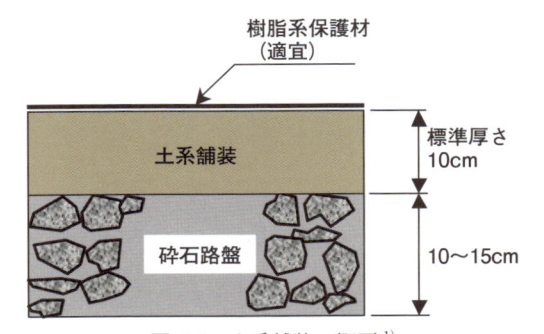

【特徴】
① 周囲の自然環境と調和する景観

図7-9 土系舗装の概要[1]

性。
② 透水性，保水性を有し路面温度上昇抑制効果が期待できる。
③ 適度な弾力性と衝撃吸収性を有する。

【用途・適用箇所】
① 遊歩道・公園園路・広場
② 屋外スポーツ施設や自転車道
③ 園内・構内道路および軽交通の車道

【留意事項】
① 土系舗装は，密粒度舗装と比較し，路面温度上昇を最大で約18℃抑制した事例が報告されている[7]。
② 集中豪雨などにより，路面に水みちができ舗装体が浸食される場合があるため，水はけに留意する。
③ 土系舗装を車道に適用する場合，車両通過箇所の摩耗によるわだち掘れ対策に留意する必要がある。
④ 結合材の種類や添加量によってはひび割れを生じる場合があるため，必要に応じて目地を設ける。

写真 7-38　土系舗装の供用状況

(2) 緑化舗装

【概要】

緑化舗装は，芝などの植物を表層または表層の一部に用いた舗装である。踏圧やすりきれから植物を保護するための保護材として，ブロック，プラスチック版，砕石，鋼製マットなどが用いられる。

【特徴】
① 緑地帯の拡大に寄与する。
② 植物と保護材の組合せによって，緑化率，景観性などを選ぶことができる。
③ 路面温度上昇の抑制が期待できる。
④ 雨水を地中に浸透・保水でき，河川や下水施設の負荷を減らす効果が期待できる。

【用途・適用箇所】
① 駐車場の車路・停車帯
② アミューズメントパーク・公園・広場

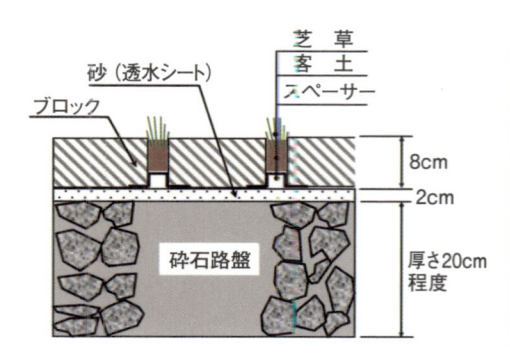

図 7-10　緑化舗装の概要（ブロック系） 　　写真 7-39　緑化舗装の供用状況

③　景観性と緑化が要求される箇所（建築物周辺の施設など）

【留意事項】
① 　緑化舗装は，密粒度舗装と比較し，路面温度上昇を 15℃程度抑制した測定例が紹介されている[8]。
② 　適用箇所の日射や給水などの維持管理により育成可能な緑化種が異なる。
③ 　緑化舗装は，供用後の適切な維持管理（施肥，芝刈，除草等）が必要であるため，適用の検討時に留意する。

(3)　遮熱性舗装

【概要】

　遮熱性舗装は，舗装表面に到達する日射エネルギーのうち，近赤外線の光を反射する機能を有する特殊な遮熱塗料（樹脂，遮熱性顔料，中空フィラー等の混合物）を吹き付けあるいは塗布，または遮熱性顔料をアスファルト混合物に混合して熱を伝える近赤外線の光を高効率で反射し，舗装への蓄熱を防ぐことにより路面温度の上昇を抑制する舗装である。遮熱性舗装の明度が 50 の場合，夏期の路面温度上昇をおおむね 10℃以上抑制でき，歩行者空間や沿道の熱環境の改善やヒートアイランド現象の緩和が期待できる。

図 7-11　遮熱性舗装の概要

【特徴】
① 　舗装蓄熱量の減少が図られ路面温度の上昇抑制効果がある。
② 　夏期における道路の熱環境が改善される。
③ 　水分補給など必要なく機能が発揮できる。
④ 　路面温度低下により舗装体の塑性変形抵抗性が期待できる。
⑤ 　カラー化により景観舗装としても利用できる。

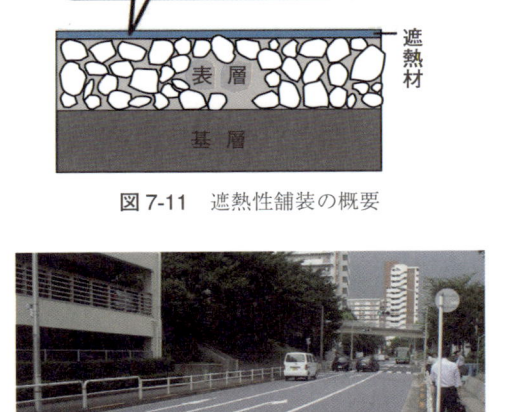

写真 7-40　遮熱性舗装の供用状況

⑥ 　ポーラスアスファルト舗装に遮熱性樹脂を塗布した場合は，温度抑制機能に加え排水機能と騒音低減効果の両立も可能。
⑦ 　ポーラスアスファルト舗装に適用した場合は，遮熱塗料による表面保護効果により骨材飛散が減少する。

【用途・適用箇所】
① 　車道・バスレーン・駐車場
② 　公園広場・歩道・遊歩道

【留意事項】
① 　施工時には遮熱塗料と路面の付着性を考慮し，舗装表面の油成分や汚れを除去した

後に塗布するとよい。
② 遮熱塗料の主材料がアクリル系樹脂の場合は，独特の臭気を発するため，人通りの多い箇所に適用するには臭気対策が必要となる場合がある。このような場合，発生する臭気を抑えた低臭気タイプを使用するとよい。
③ 特に密粒系アスファルト舗装に遮熱性舗装を適用する場合，路面のすべり抵抗が低くならないよう，遮熱塗料とすべり止め骨材の散布量に留意する。

(4) 保水性舗装
【概要】
　保水性舗装は，舗装体内に保水された水分が蒸発し，水の気化熱により路面温度の上昇を抑制する性能を持つ舗装である。一般の舗装よりも舗装体内の蓄熱量を低減するため，歩行者空間や沿道の熱環境の改善やヒートアイランド現象の緩和が期待できる。

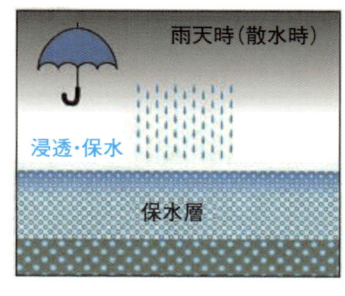

図7-12　保水性舗装の概要 9)

【特徴】
① 路面温度の上昇抑制効果がある。
② 夏期の熱環境を改善できる。
③ 雨水などを保水し打ち水効果が持続できる。
④ 混合物の上部に空隙を残すことにより，排水機能や騒音低減機能も得られる（75%浸透型など）。
⑤ 明色性がある。
⑥ 顔料を添加することでカラー化も容易にできる。

写真7-41　保水性舗装の供用状況

【用途・適用箇所】
① 車道・バスレーン・駐車場
② 公園広場・歩道・遊歩道

【留意事項】
① 降雨による水分補給が定期的に得られない場合，路面温度上昇抑制効果が十分に発揮されない。保水性舗装の効果を発揮させるためには路面散水や打ち水などの水分補給が必要となる。
② 保水材を舗装面に残したまま交通開放を行った場合，すべり抵抗が低下したり，保水材が飛散することがある。そのため，施工時には，舗装面に残る保水材をゴムレーキなどで入念に除去することが望ましい。

7.2.11 透水性樹脂モルタル充填工法
【概要】
　透水性樹脂モルタル充填工法は，ポーラスアスファルト舗装の路面を強化し，排水性や低騒音性などの機能を維持・延命するために開発された技術である。高耐久性，速硬化性に優れる樹脂と特殊粒径の細骨材による透水性樹脂モルタルをポーラスアスファルト舗装の表面骨材の間隙に充填する工法である。

【特徴】
① 骨材飛散を抑制して路面を強化できる。
② 低騒音性が維持できる。
③ 空隙づまりを抑制することで透水機能を維持できる。
④ すべり抵抗性が向上する。
⑤ カラー化が可能。
⑥ 新設，既設いずれの路面にも適用可能である。

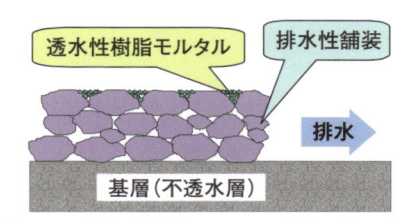

図 7-13　透水性樹脂モルタル充填工法の概要

【用途・適用箇所】
① 骨材飛散が懸念される交差点・駐車場・料金所・インターチェンジ
② 低騒音性の維持が必要な道路
③ 凍結抑制が必要な道路
④ カラー化が望まれるバスレーン
⑤ ポーラスアスファルト舗装のわだち掘れ・ポットホール補修

写真 7-42　透水性樹脂モルタル充填工法の施工状況

【留意事項】
① いったん製造した透水性樹脂モルタルは，可使時間内に作業を完了しないと，反応が進み粘度が上昇して取り扱いが不可能となるので工程管理に注意する。
② 路面が濡れている場合，樹脂の接着不良や硬化不良となるので，事前に水分を除去し乾燥しておく必要がある。

7.2.12 リフレクションクラック抑制工法
　リフレクションクラック抑制工法とは，切削オーバーレイ等の補修工事において，新規オーバーレイ層へのリフレクションクラックの発生を抑制あるいは遅延させることを目的に，既設舗装面に応力の伝達を緩和する層やシートを設ける工法である[10]。

(1) じょく層工法
【概要】
　じょく層工法は，オーバーレイに先立って，既設舗装面に応力緩和層として浸透式による表面処理層（じょく層）を設ける工法である。既設路面の状況や交通量に応じて1～3層に重ねるとよい。
　施工概要は，5.1.3に示したシールコートやアーマーコートと同様である。

【特徴】
① 薄層でリフレクションクラックの抑制効果が得られる。

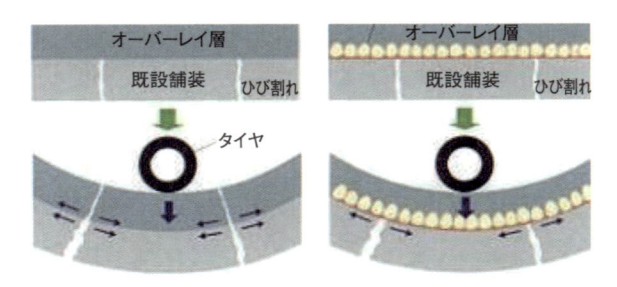

図 7-14　じょく層工法の応力緩和の概念図[11]（左は通常のオーバーレイ）

写真 7-43　じょく層工法の施工状況

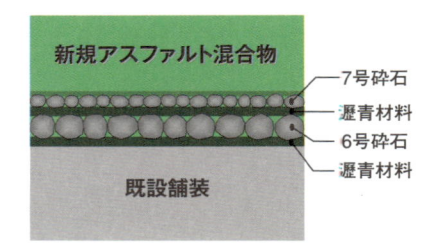

図 7-15　じょく層工法の断面例

② 不透水層を形成し下層からの水分を遮断する。
③ 施工が比較的容易で工事費が比較的安価である。

【用途・適用箇所】
　リフレクションクラックの発生が懸念される箇所。

【留意事項】
　じょく層により，リフレクションクラック発生率が 1/2 〜 1/3 に低減した調査結果がある[12]が，既設路面の破損状況によっては適用できない場合がある。このような場合，破損した層を含む切削オーバーレイや打換え工法を適用するとよい。

(2)　シート工法
【概要】
　リフレクションクラック抑制のためのシート工法とは，リフレクションクラックを抑制するシートをオーバーレイに先立ち既設路面に貼り付ける工法である。シートは，特殊な瀝青材料とグラスファイバーメッシュ，不織布，ビニロンメッシュ，などの基材で構成されている。

【特徴】
① 柔軟性があり，下地の舗装の伸縮によく追従する。
② 引張強度が優れている。
③ 防水性を有する製品，常温で施工できる製品もある。

写真 7-44　リフレクションクラック抑制シート工法施工状況[13]

【用途・適用箇所】
リフレクションクラックの発生が懸念される箇所。

【留意事項】
① リフレクションクラック抑制のためのシート工法は，リフレクションクラックの進行を遅らせる補強効果を期待して，昭和40年代から適用されており，室内試験では進行を1.5～3倍程度遅らせる効果が確認されている[14]。
② シートと舗装体との接着が不十分な場合，リフレクションクラック抑制効果が発揮されにくく適切な施工が求められる。

第7章　参考文献
1) 道路建設業協会ホームページ　http://www.dohkenkyo.net/
2) 日本改質アスファルト協会技術委員会：改質アスファルトの名称・標準的性状の変更について，改質アスファルト，No.27，pp38～42，2006年
3) 低騒音舗装研究会著：改訂3版 騒音舗装の概説，建設物価調査会，2005年
4) 水と舗装を考える会編：よくわかる透水性舗装，山海堂，1997年
5) 福川光男：舗装技術者のための建設機械の知識 第21回 維持修繕用機械（3），舗装，Vol.43，No.10，pp.31～39，2008年10月
6) 大成ロテック株式会社ホームページ　http://www.taiseirotec.co.jp/
7) 西村宗倫，川上篤史：歩道における土系舗装の整備について，舗装，Vol.43，No.1，pp22～26，2008年1月
8) 環境改善を目指した舗装技術（2004年版），日本道路協会
9) 保水性舗装技術研究会ホームページ　http://www.hosuigiken.jp/
10) 日本アスファルト乳剤協会ホームページ http://www.jeaa.or.jp/
11) ニチレキ株式会社ホームページ　http://www.nichireki.co.jp/
12) 中森義雄，緑川 宏：表面処理工法によるリフレクションクラック抑制効果，道路建設，No.530，pp.68～75，1992年3月
13) 東亜道路工業株式会社ホームページ　http://www.toadoro.co.jp/
14) 水取清一，堀田穂：ジオテキスタイル中間層を用いたオーバーレイ工法，アスファルト，Vol.31，No.158，pp.56～65，1989年1月

[MEMO]

[MEMO]

あとがき

　本ハンドブックは，財団法人道路保全技術センターの道路構造物保全研究会設計・施工部会に所属する舗装委員会が平成 12 年度にとりまとめた「アスファルト舗装の補修に関する報告書」を改訂したものである。

　改訂にあたっては，写真を多用し，舗装の損傷状態やその調査方法，維持補修工法をわかりやすくまとめること，新しい技術をできるだけ多く盛り込むことに留意した。また，単に元の舗装に補修するのではなく，さらに価値（新しい機能など）を付けられる舗装工法についても紹介している。このハンドブックが，舗装技術者のみならず舗装を専門としない技術者にも参考になれば幸いである。

　また，十分に配慮してとりまとめたつもりであるが，至らぬ部分も多々あるかと思う。そのような箇所については忌憚のないご意見を頂けるようお願いする次第である。

　最後に，編集にあたってご協力いただいた多方面の関係各位に謝意を表すものである。

　　2010 年 1 月

編集委員一同

アスファルト舗装保全技術ハンドブック　編集委員一覧 (2007年から2009年，50音順)

青木　政樹	大成ロテック株式会社	
新井　俊隆	日本道路株式会社	
市岡　孝夫	前田道路株式会社	
伊藤　博	株式会社片平エンジニアリング	
岩岡　宏美	世紀東急工業株式会社	
越川　喜孝	大成ロテック株式会社	
加藤　人士	株式会社片平エンジニアリング	
小松　智治	大日本コンサルタント株式会社	
杉本　憲治	株式会社NIPPO	
杉本　浩一	大林道路株式会社	
芹田　美佳	前田道路株式会社	
高橋　裕行	大日本コンサルタント株式会社	
長谷川淳也	日本道路株式会社	
藤本　直也	大日本コンサルタント株式会社	
真鍋　和則	東亜道路工業株式会社	
緑川　宏	財団法人道路保全技術センター	
山﨑　泰生	鹿島道路株式会社	

アスファルト舗装保全技術ハンドブック

2010年2月10日　第1刷　発行
2016年3月20日　第2刷　発行

編　者　　㈶道路保全技術センター
　　　　　道路構造物保全研究会

発行者　　坪内　文生

発行所　　鹿島出版会
　　　　　104-0028　東京都中央区八重洲2丁目5番14号
　　　　　Tel. 03(6202)5200　振替 00160-2-180883
　　　　　無断転載を禁じます。
　　　　　落丁・乱丁本はお取替えいたします。

装幀：伊藤滋章　　DTP：エムツークリエイト　　Ⓒ 2010
印刷・製本：壮光舎印刷
ISBN978-4-306-02416-8　C3052　　Printed in Japan

本書の内容に関するご意見・ご感想は下記までお寄せください。
　URL：http://www.kajima-publishing.co.jp
　E-mail：info@kajima-publishing.co.jp